汽车行业卓越人才培养丛书

在用机动车排气污染物检测

主　编　赵乐晨

副主编　王永忠　曾东建　周劲戈

参　编　吴雪梅　钟玉洁　李　涛　高　磊

　　　　张爱萍　苏　波　田　维　赵　琳

U0339167

机械工业出版社

本书系统、全面地介绍了在用机动车环保定期检验的政策、标准以及检测设备操作技术。全书共分为五章,内容包括:在用机动车环保定期检验依据的法规与标准,机动车及发动机基础知识,机动车排气污染物生成机理及其控制、检测,在用机动车环保定期检验,在用机动车尾气排放定期检测站管理。书后附有与每章内容紧密相关的测试题用于阅读后考查练习。

本书可作为机动车排气污染物检测从业人员的培训教材,也可作为机动车排气污染物检测站管理人员的参考读物。

图书在版编目(CIP)数据

在用机动车排气污染物检测/赵乐晨主编 . —北京:机械工业出版社,2018.5(2018.8重印)

(汽车行业卓越人才培养丛书)

ISBN 978-7-111-59715-5

Ⅰ.①在… Ⅱ.①赵… Ⅲ.①汽车排气污染－空气污染控制 Ⅳ.①X734.201

中国版本图书馆 CIP 数据核字(2018)第 070546 号

机械工业出版社(北京市百万庄大街22号 邮政编码100037)
策划编辑:宋学敏 责任编辑:宋学敏 张丹丹 王保家
责任校对:王 延 封面设计:马精明
责任印制:孙 炜
保定市中画美凯印刷有限公司印刷
2018 年 8 月第 1 版第 2 次印刷
169mm×239mm · 13 印张 · 286 千字
标准书号:ISBN 978-7-111-59715-5
定价:38.00元

凡购本书,如有缺页、倒页、脱页,由本社发行部调换

电话服务 网络服务

服务咨询热线:010-88379833 机工官网:www.cmpbook.com

读者购书热线:010-88379649 机工官博:weibo.com/cmp1952

教育服务网:www.cmpedu.com

封面无防伪标均为盗版 金 书 网:www.golden-book.com

前　言

随着我国经济高速发展、汽车保有量快速增长，机动车尾气排放污染日益严重，在很大程度上影响了人民群众的生活。为了有效控制、治理机动车排气污染物，国家加大了对排放的治理力度，新的《中华人民共和国大气污染防治法》已于 2016 年 1 月 1 日正式实施，更严格的在用机动车排气污染物排放限值标准正陆续推出，更科学的排气污染物检测方法（工况法）也正在全国各地逐步实施。为了帮助机动车排气污染物检测人员系统了解机动车环保定期检验相关政策、标准，掌握检测知识和操作技术，编写组成员在充分总结机动车尾气排放检测实践经验和教训的基础上，编写了本书。

本书系统、全面地介绍了在用机动车环保定期检验的政策、标准以及检测操作技术，从机动车的基本知识入手，介绍了机动车排气污染物形成的原因，机动车排气污染物检测设备、检测方法，以及在用机动车尾气检测站管理、建设等内容。本书既可作为机动车排气污染物检测从业人员的培训教材，也可作为机动车排气污染物检测站管理人员的参考读物。

全书共分为五章，第一章介绍了在用机动车环保定期检验所依据的政策、法规和标准，第二章介绍了机动车及发动机基础知识，第三章介绍了机动车排气污染物生成机理、控制及检测方法，第四章介绍了在用机动车排气污染物检测流程及检测设备操作、管理，第五章介绍了在用机动车尾气排放定期检测站管理。参加本书编写的人员有：赵乐晨、王永忠、曾东建、周劲戈、吴雪梅、钟玉洁、李涛、高磊、张爱萍、苏波、田维、赵琳。

本书的编写参考了许多优秀的文献资料，为此，谨向在本书编写中参考的各种文献资料的作者深表谢意。同时，对在编写过程中提供大力支持和帮助的领导和同事表示衷心的感谢。

由于我们的学识、水平有限，书中难免有错误和不当之处，敬请读者批评指正。

编　者

目　录

第一章
在用机动车环保定期检验依据的法规与标准

 第一节 《中华人民共和国大气污染防治法》摘录

中华人民共和国主席令（第31号）

《中华人民共和国大气污染防治法》已由中华人民共和国第十二届全国人民代表大会常务委员会第十六次会议于2015年8月29日修订通过，现将修订后的《中华人民共和国大气污染防治法》公布，自2016年1月1日起施行。

中华人民共和国主席　习近平
二〇一五年八月二十九日

第一章　总则

第四条　国务院环境保护主管部门会同国务院有关部门，按照国务院的规定，对省、自治区、直辖市大气环境质量改善目标、大气污染防治重点任务完成情况进行考核。省、自治区、直辖市人民政府制定考核办法，对本行政区域内地方大气环境质量改善目标、大气污染防治重点任务完成情况实施考核。考核结果应当向社会公开。

第五条　县级以上人民政府环境保护主管部门对大气污染防治实施统一监督管理。

县级以上人民政府其他有关部门在各自职责范围内对大气污染防治实施监督管理。

第四章　大气污染防治措施

第三节　机动车船等污染防治

第五十条　国家倡导低碳、环保出行，根据城市规划合理控制燃油机动车保有量，大力发展城市公共交通，提高公共交通出行比例。

国家采取财政、税收、政府采购等措施推广应用节能环保型和新能源机动

车船、非道路移动机械,限制高油耗、高排放机动车船、非道路移动机械的发展,减少化石能源的消耗。

省、自治区、直辖市人民政府可以在条件具备的地区,提前执行国家机动车大气污染物排放标准中相应阶段排放限值,并报国务院环境保护主管部门备案。

城市人民政府应当加强并改善城市交通管理,优化道路设置,保障人行道和非机动车道的连续、畅通。

第五十一条 机动车船、非道路移动机械不得超过标准排放大气污染物。

禁止生产、进口或者销售大气污染物排放超过标准的机动车船、非道路移动机械。

第五十二条 机动车、非道路移动机械生产企业应当对新生产的机动车和非道路移动机械进行排放检验。经检验合格的,方可出厂销售。检验信息应当向社会公开。

省级以上人民政府环境保护主管部门可以通过现场检查、抽样检测等方式,加强对新生产、销售机动车和非道路移动机械大气污染物排放状况的监督检查。工业、质量监督、工商行政管理等有关部门予以配合。

第五十三条 在用机动车应当按照国家或者地方的有关规定,由机动车排放检验机构定期对其进行排放检验。经检验合格的,方可上道路行驶。未经检验合格的,公安机关交通管理部门不得核发安全技术检验合格标志。

县级以上地方人民政府环境保护主管部门可以在机动车集中停放地、维修地对在用机动车的大气污染物排放状况进行监督抽测;在不影响正常通行的情况下,可以通过遥感监测等技术手段对在道路上行驶的机动车的大气污染物排放状况进行监督抽测,公安机关交通管理部门予以配合。

第五十四条 机动车排放检验机构应当依法通过计量认证,使用经依法检定合格的机动车排放检验设备,按照国务院环境保护主管部门制定的规范,对机动车进行排放检验,并与环境保护主管部门联网,实现检验数据实时共享。机动车排放检验机构及其负责人对检验数据的真实性和准确性负责。

环境保护主管部门和认证认可监督管理部门应当对机动车排放检验机构的排放检验情况进行监督检查。

第五十五条 机动车生产、进口企业应当向社会公布其生产、进口机动车车型的排放检验信息、污染控制技术信息和有关维修技术信息。

机动车维修单位应当按照防治大气污染的要求和国家有关技术规范对在用机动车进行维修,使其达到规定的排放标准。交通运输、环境保护主管部门应当依法加强监督管理。

禁止机动车所有人以临时更换机动车污染控制装置等弄虚作假的方式通过

机动车排放检验。禁止机动车维修单位提供该类维修服务。禁止破坏机动车车载排放诊断系统。

第五十六条　环境保护主管部门应当会同交通运输、住房城乡建设、农业行政、水行政等有关部门对非道路移动机械的大气污染物排放状况进行监督检查，排放不合格的，不得使用。

第五十七条　国家倡导环保驾驶，鼓励燃油机动车驾驶人在不影响道路通行且需停车三分钟以上的情况下熄灭发动机，减少大气污染物的排放。

第五十八条　国家建立机动车和非道路移动机械环境保护召回制度。

生产、进口企业获知机动车、非道路移动机械排放大气污染物超过标准，属于设计、生产缺陷或者不符合规定的环境保护耐久性要求的，应当召回；未召回的，由国务院质量监督部门会同国务院环境保护主管部门责令其召回。

第五十九条　在用重型柴油车、非道路移动机械未安装污染控制装置或者污染控制装置不符合要求，不能达标排放的，应当加装或者更换符合要求的污染控制装置。

第六十条　在用机动车排放大气污染物超过标准的，应当进行维修；经维修或者采用污染控制技术后，大气污染物排放仍不符合国家在用机动车排放标准的，应当强制报废。其所有人应当将机动车交售给报废机动车回收拆解企业，由报废机动车回收拆解企业按照国家有关规定进行登记、拆解、销毁等处理。

国家鼓励和支持高排放机动车船、非道路移动机械提前报废。

第六十一条　城市人民政府可以根据大气环境质量状况，划定并公布禁止使用高排放非道路移动机械的区域。

第六十五条　禁止生产、进口、销售不符合标准的机动车船、非道路移动机械用燃料；禁止向汽车和摩托车销售普通柴油以及其他非机动车用燃料；禁止向非道路移动机械、内河和江海直达船舶销售渣油和重油。

第六十六条　发动机油、氮氧化物还原剂、燃料和润滑油添加剂以及其他添加剂的有害物质含量和其他大气环境保护指标，应当符合有关标准的要求，不得损害机动车船污染控制装置效果和耐久性，不得增加新的大气污染物排放。

第七章　法律责任

第九十八条　违反本法规定，以拒绝进入现场等方式拒不接受环境保护主管部门及其委托的环境监察机构或者其他负有大气环境保护监督管理职责的部门的监督检查，或者在接受监督检查时弄虚作假的，由县级以上人民政府环境保护主管部门或者其他负有大气环境保护监督管理职责的部门责令改正，处二万元以上二十万元以下的罚款；构成违反治安管理行为的，由公安机关依法予以处罚。

第一百条　违反本法规定，有下列行为之一的，由县级以上人民政府环境

保护主管部门责令改正，处二万元以上二十万元以下的罚款；拒不改正的，责令停产整治。

（三）未按照规定安装、使用大气污染物排放自动监测设备或者未按照规定与环境保护主管部门的监控设备联网，并保证监测设备正常运行的。

第一百零九条　违反本法规定，生产超过污染物排放标准的机动车、非道路移动机械的，由省级以上人民政府环境保护主管部门责令改正，没收违法所得，并处货值金额一倍以上三倍以下的罚款，没收销毁无法达到污染物排放标准的机动车、非道路移动机械；拒不改正的，责令停产整治，并由国务院机动车生产主管部门责令停止生产该车型。

违反本法规定，机动车、非道路移动机械生产企业对发动机、污染控制装置弄虚作假、以次充好，冒充排放检验合格产品出厂销售的，由省级以上人民政府环境保护主管部门责令停产整治，没收违法所得，并处货值金额一倍以上三倍以下的罚款，没收销毁无法达到污染物排放标准的机动车、非道路移动机械，并由国务院机动车生产主管部门责令停止生产该车型。

第一百一十条　违反本法规定，进口、销售超过污染物排放标准的机动车、非道路移动机械的，由县级以上人民政府工商行政管理部门、出入境检验检疫机构按照职责没收违法所得，并处货值金额一倍以上三倍以下的罚款，没收销毁无法达到污染物排放标准的机动车、非道路移动机械；进口行为构成走私的，由海关依法予以处罚。

违反本法规定，销售的机动车、非道路移动机械不符合污染物排放标准的，销售者应当负责修理、更换、退货；给购买者造成损失的，销售者应当赔偿损失。

第一百一十一条　违反本法规定，机动车生产、进口企业未按照规定向社会公布其生产、进口机动车车型的排放检验信息或者污染控制技术信息的，由省级以上人民政府环境保护主管部门责令改正，处五万元以上五十万元以下的罚款。

违反本法规定，机动车生产、进口企业未按照规定向社会公布其生产、进口机动车车型的有关维修技术信息的，由省级以上人民政府交通运输主管部门责令改正，处五万元以上五十万元以下的罚款。

第一百一十二条　违反本法规定，伪造机动车、非道路移动机械排放检验结果或者出具虚假排放检验报告的，由县级以上人民政府环境保护主管部门没收违法所得，并处十万元以上五十万元以下的罚款；情节严重的，由负责资质认定的部门取消其检验资格。

违反本法规定，伪造船舶排放检验结果或者出具虚假排放检验报告的，由海事管理机构依法予以处罚。

违反本法规定，以临时更换机动车污染控制装置等弄虚作假的方式通过机动车排放检验或者破坏机动车车载排放诊断系统的，由县级以上人民政府环境保护主管部门责令改正，对机动车所有人处五千元的罚款；对机动车维修单位处每辆机动车五千元的罚款。

第一百一十三条 违反本法规定，机动车驾驶人驾驶排放检验不合格的机动车上道路行驶的，由公安机关交通管理部门依法予以处罚。

第一百一十四条 违反本法规定，使用排放不合格的非道路移动机械，或者在用重型柴油车、非道路移动机械未按照规定加装、更换污染控制装置的，由县级以上人民政府环境保护等主管部门按照职责责令改正，处五千元的罚款。

违反本法规定，在禁止使用高排放非道路移动机械的区域使用高排放非道路移动机械的，由城市人民政府环境保护等主管部门依法予以处罚。

第二节 在用机动车环保定期检验依据的法规

我国已成为世界机动车产销第一大国，由于机动车大量使用，发动机排出的气体污染物已成为空气质量下降和灰霾、光化学烟雾污染的重要原因，为了改善人类生存环境，提高人民群众生活质量，实现经济可持续发展，机动车排气污染防治已迫在眉睫。由于我国汽车工业发展较快，而发展时间短，与国外发达国家相比而言，我国汽车尾气排放法规起步水平较低、不完善。从 20 世纪 80 年代初开始，国家在标准制定和实施工作中采取先易后难、分阶段实施的方案，具体实施主要分为以下四个阶段：

第一阶段：

1983 年，我国颁布了第一批机动车尾气污染控制排放标准法规，这一系列标准法规包括：《汽油车怠速污染物排放标准》《柴油车自由加速烟度排放标准》《汽车柴油机全负荷烟度排放标准》三个限值标准，《汽油车怠速污染物测量方法》《柴油车自由加速烟度测量方法》《汽车柴油机全负荷烟度测量方法》三个测量方法标准。这批标准的制定和实施，标志着我国汽车尾气法规从无到有，并逐步走上法制治理汽车尾气污染的道路。

第二阶段：

1989 年～1993 年，我国又相继颁布了《轻型汽车排气污染物排放标准》《车用汽油机排气污染物排放标准》两个限值标准和《轻型汽车排气污染物测量方法》《车用汽油机排气污染物测量方法》两个工况法测量方法标准。我国已形成了较为完善的汽车尾气排放标准体系，同时，为了和国际接轨，走国际化道路，我国 1993 年颁布的《轻型汽车排气污染物测量方法》采用了 ECE R15-04（ECE：欧盟汽车标准法规体系）的测量方法，而测量限值《轻型汽车排气污染

物排放标准》则采用了 ECE R15-03 限值标准。该限值标准只相当于欧洲 20 世纪 70 年代的水平（欧洲在 1979 年实施 ECE R15-03 标准）。

第三阶段：

1999 年，我国北京地区开始实施《轻型汽车排气污染物排放标准》（DB 11/105—1998），从而拉开了我国新一轮尾气排放法规制定和实施的序幕。2000 年，《汽车排放污染物限值及测试方法》（GB 14961—1999）（等效于 91/441/1EEC 标准）在全国实施。同时，《压燃式发动机和装用压燃式发动机的车辆排气可见污染物限值及测试方法》（GB 3847—1999）也修订出台。与此同时，北京市还部分参照采用欧共体 92/55/EEC 的部分技术要求升级修订了《汽油车双怠速污染物排放标准》（DB 11/044—1999）地方法规。这一系列标准的制定和出台，使我国汽车尾气排放标准达到国外 20 世纪 90 年代初的水平。

第四阶段：

随着发动机燃烧技术、排气后处理技术不断提高和改善，以及人民群众对环境治理的要求越来越迫切，从 2005 年开始，我国针对新生产机动车排放，推出了《轻型汽车污染物排放限值及测量方法（中国Ⅲ、Ⅳ阶段）》（GB 18352.3—2005）、《车用压燃式、气体燃料点燃式发动机与汽车排气污染物排放限值及测量方法（中国Ⅲ、Ⅳ、Ⅴ阶段）》（GB 17691—2005）；针对在用车排放，推出了《点燃式发动机汽车排气污染物排放限值及测量方法（双怠速法及简易工况法）》（GB 18285—2005）、《车用压燃式发动机和压燃式发动机汽车排气烟度排放限值及测量方法》（GB 3847—2005）等一系列标准。根据规划，2008 年，北京市对全市新增机动车实施国家第四阶段机动车污染物排放标准，与此同时，具有这种标准的汽车燃油在 2008 年 1 月 1 日起开始在北京市供应，而作为满足第四阶段的汽车燃油，汽油在全国最晚执行时间为 2014 年 1 月 1 日，柴油在全国最晚执行时间为 2015 年 1 月 1 日。

一、新车排放标准

世界汽车排放标准主要分为欧洲、美国、日本三大标准体系。欧洲汽车排放标准测试要求相对比较宽泛，是大多数发展中国家引用的汽车排放标准体系。我国在制定汽车排放标准体系的时候，充分比较了三大体系的优劣，认为欧洲汽车排放标准中，排放污染物的计量是以汽车单位行驶距离的排放物质量（g/km）计算，相对于其他体系以浓度作为计量单位研究汽车对环境的污染程度更具合理性，同时，考虑我国的汽车生产技术大多从欧洲引进，因此，我国也基本上采用欧洲标准体系。我国汽车排放标准同欧洲排放标准一样，也将汽车分为总质量不超过 3500kg 的轻型车和总质量超过 3500kg 的重型车两大类。轻型汽车和重型汽车排放标准分类如下：

1. 轻型汽车的排放标准

轻型汽车的排放标准在 1999 年 7 月发布，2001 年修订。

第一阶段：GB 18352.1—2001《轻型汽车污染物排放限值及测量方法（Ⅰ）》，等效采用欧盟 93/59/EC 指令，参照采用 98/77/EC 指令部分技术内容，等同于欧Ⅰ，从 2001 年 4 月 16 日发布并实施。

第二阶段：GB 18352.2—2001《轻型汽车污染物排放限值及测量方法（Ⅱ）》，等效采用欧盟 96（10）69/EC 指令，参照采用 98（10）77（10）EC 指令部分技术内容，等同于欧Ⅱ，从 2004 年 7 月 1 日起实施。

第三阶段：GB 18352.3—2005《轻型汽车污染物排放限值及测量方法（中国Ⅲ、Ⅳ阶段)》，2007 年 4 月 15 日发布，代替 GB 18352.2—2001，部分等同于欧Ⅲ，于 2007 年 7 月 1 日实施。

第四阶段：GB 18352.3—2005《轻型汽车污染物排放限值及测量方法（中国Ⅲ、Ⅳ阶段)》，部分等同于欧Ⅳ，于 2010 年实施。

第五阶段：GB 18352.5—2013《轻型汽车污染物排放限值及测量方法（中国第五阶段)》，2013 年 9 月 17 日发布，于 2018 年 1 月 1 日实施。

第六阶段：GB 18352.6—2016《轻型汽车污染物排放限值及测量方法（中国第六阶段)》，2016 年 12 月 23 日发布，将于 2020 年 7 月 1 日实施。

2. 重型汽车的排放标准

重型汽车的排放标准包括重型压燃式发动机标准和重型点燃式发动机标准。

（1）重型压燃式发动机标准

《车用压燃式发动机排气污染物排放限值及测量方法》（GB 17691—2001），于 2001 年 4 月 16 日发布，参照欧盟 91/542/EEC 指令。

第一阶段：相当于欧Ⅰ水平，型式核准试验自 2000 年 9 月 1 日起执行，生产一致性检查自 2001 年 9 月 1 日起执行。

第二阶段：相当于欧Ⅱ水平，型式核准试验自 2003 年 9 月 1 日起执行，生产一致性检查自 2004 年 9 月 1 日起执行。

《车用压燃式、气体燃料点燃式发动机与汽车排气污染物排放限值及测量方法（中国Ⅲ、Ⅳ、Ⅴ阶段)》（GB 17691—2005），采用了欧盟指令 2001/27/EC 的有关技术内容，代替 GB 17691—2001，于 2005 年 5 月发布，分别于 2007 年、2010 年、2012 年 1 月 1 日实施。

（2）重型点燃式发动机标准

《车用点燃式发动机及装用点燃式发动机汽车 排气污染物排放限值及测量方法》（GB 14762—2002），2002 年 11 月 18 日发布，2003 年 1 月 1 日实施。本标准汽油机测量方法等效采用美国联邦法规 40CFR 第 86 部 D 分部"重型汽油机

和柴油机排放法规：排气污染物测试程序"。

《重型车用汽油发动机与汽车排气污染物排放限值及测量方法（中国Ⅲ、Ⅳ阶段）》（GB 14762—2008），代替 GB 14762—2002，2008 年 4 月 2 日发布，2009 年 7 月 1 日实施。从第Ⅲ阶段开始，增加排放控制装置的耐久性要求；从第Ⅳ阶段开始，增加了在用车/发动机的符合性要求。

二、在用车排放标准

20 世纪 80 年代初期，原城乡建设环境保护部颁布了我国第一批机动车排放标准和检测方法标准。

20 世纪 90 年代，原国家环保总局对机动车排放标准进行了全面的修订和完善，制定了 GB 14761.5—1993《汽油车怠速污染物排放标准》、GB/T 3845—1993《汽油车排气污染物的测量 怠速法》、GB 14761.6—1993《柴油车自由加速烟度排放标准》等八项标准。

2005 年 5 月 30 日，原国家环境保护总局修订颁布了针对在用车的一系列标准：《点燃式发动机汽车排气污染物排放限值及测量方法（双怠速法及简易工况法）》（GB 18285—2005）、《车用压燃式发动机和压燃式发动机汽车排气烟度排放限值及测量方法》（GB 3847—2005）、《农用运输车自由加速烟度排放限值及测量方法》（GB 18322—2002）、《摩托车和轻便摩托车排气污染物排放限值及测量方法（双怠速法）》（GB 14621—2011）。从而较大程度地完善了我国在用机动车排气污染物检测的标准体系建设。

现行在用机动车排气污染物检测的国家及环保行业标准主要有：

1. 技术方法类标准

GB 3847—2005《车用压燃式发动机和压燃式发动机汽车排气烟度排放限值及测量方法》

GB 14621—2011《摩托车和轻便摩托车排气污染物排放限值及测量方法（双怠速法）》

GB 18285—2005《点燃式发动机汽车排气污染物排放限值及测量方法（双怠速法及简易工况法）》

GB 18322—2002《农用运输车自由加速烟度排放限值及测量方法》

GB 19758—2005《摩托车和轻便摩托车排气烟度排放限值及测量方法》

HJ/T 240—2005《确定点燃式发动机在用汽车简易工况法排气污染物排放限值的原则和方法》

HJ/T 241—2005《确定压燃式发动机在用汽车加载减速法排气烟度排放限值的原则和方法》

HJ 845—2017《在用柴油车排气污染物测量方法及技术要求（遥感检测法）》

2. 设备制造类标准

HJ/T 289—2006《汽油车双怠速法排气污染物测量设备技术要求》

HJ/T 291—2006《汽油车稳态工况法排气污染物测量设备技术要求》

HJ/T 290—2006《汽油车简易瞬态工况法排气污染物测量设备技术要求》

HJ/T 292—2006《柴油车加载减速工况法排气烟度测量设备技术要求》

HJ/T 395—2007《压燃式发动机汽车自由加速法排气烟度测量设备技术要求》

HJ/T 396—2007《点燃式发动机汽车瞬态工况法排气污染物测量设备技术要求》

3. 计量检定或校准类标准

JJG 847—2011《滤纸式烟度计检定规程》

JJG 976—2010《透射式烟度计检定规程》

JJG 688—2007《汽车排放气体测试仪检定规程》

JJF 1221—2009《汽车排气污染物监测用底盘测功机校准规范》

JJF 1227—2009《汽油车稳态加载污染物排放检测系统校准规范》

第三节 在用机动车排气污染物检测标准

一、《点燃式发动机汽车排气污染物排放限值及测量方法（双怠速法及简易工况法）》（GB 18285—2005）

《点燃式发动机汽车排气污染物排放限值及测量方法（双怠速法及简易工况法）》（GB 18285—2005）适用于装用点燃式发动机的新生产和在用汽车检测。该标准规定了点燃式发动机汽车怠速和高怠速工况下排气污染物排放限值及测量方法，同时也规定了点燃式发动机轻型汽车稳态工况法、瞬态工况法和简易瞬态工况法三种简易工况测量方法。

GB 18285—2005 不适用于低速载货汽车和三轮汽车。

1. 双怠速法（怠速与高怠速工况）

（1）工况

1）怠速工况：指发动机无负载运转状态，即离合器处于接合位置、变速器处于空档位置（对于自动变速器的车应处于"停车"或"P"位）；采用化油器供油系统的车，阻风门应处于全开位置；加速踏板处于完全松开位置。

2）高怠速工况：在 GB 18285—2005 中规定：将轻型汽车的高怠速转速规定为（2500±100）r/min，重型车的高怠速转速规定为（1800±100）r/min，如有特殊规定的，按照制造厂技术文件中规定的高怠速转速。

（2）限值

按 GB 18285—2005 中规定，采用双怠速法进行新生产汽车排气污染检测时，其排放限值见表1-1。

表1-1　新生产汽车双怠速法排气污染物排放限值（体积分数）

车辆类别	怠　　速		高　怠　速	
	CO(%)	HC(×10⁻⁶)	CO(%)	HC(×10⁻⁶)
2005 年 7 月 1 日起新生产的第一类轻型汽车	0.5	100	0.3	100
2005 年 7 月 1 日起新生产的第二类轻型汽车	0.8	150	0.5	150
2005 年 7 月 1 日起新生产的重型汽车	1.0	200	0.7	200

按 GB 18285—2005 中规定，采用双怠速法进行在用汽车排气污染检测时，其排放限值见表1-2。

表1-2　在用车双怠速法排气污染物排放限值（体积分数）

车辆类别	怠　　速		高　怠　速	
	CO(%)	HC(×10⁻⁶)	CO(%)	HC(×10⁻⁶)
1995 年 7 月 1 日前生产的轻型汽车	4.5	1200	3.0	900
1995 年 7 月 1 日起生产的轻型汽车	4.5	900	3.0	900
2000 年 7 月 1 日起生产的第一类轻型汽车	0.8	150	0.3	100
2001 年 10 月 1 日起生产的第二类轻型汽车	1.0	200	0.5	150
1995 年 7 月 1 日前生产的重型汽车	5.0	2000	3.5	1200
1995 年 7 月 1 日起生产的重型汽车	4.5	1200	3.0	900
2004 年 9 月 1 日起生产的重型汽车	1.5	250	0.7	200

注：1. 对于 2005 年 5 月 31 日以前生产的 5 座以下（含 5 座）的微型面包车，执行 1995 年 7 月 1 日起生产的轻型汽车的排放限值。

　　2. 对使用闭环控制电子燃油喷射系统和三元催化转化器（TWC）技术的汽车进行过量空气系数（λ）的测定。当发动机转速在高怠速转速时，过量空气系数应在 1.0±0.03 或制造厂规定值范围内。

（3）检测要求

1）车况要求：保证被检测车辆处于制造厂规定的正常状态，发动机进气系统应装有空气滤清器，排气系统应装有排气消声器，并不得泄漏。

2）检测附加要求：应在发动机上安装转速计、点火正时仪、冷却液和润滑油测温计等测量仪器。测量时，发动机冷却液和润滑油温度应不低于80℃，或者达到汽车使用说明书规定的热车状态。

（4）检测流程

双怠速法检测流程如图1-1所示。

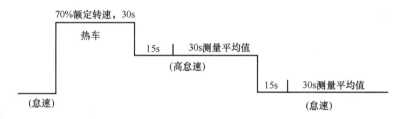

图1-1　双怠速法检测流程

1）发动机从怠速状态加速至70%额定转速，运转30s后降至高怠速状态［50%额定转速，小车（2500±100）r/min，大车（1800±100）r/min］并保持。

2）将取样探头插入排气管，深度不少于400mm，并固定在排气管上。维持15s后，由具有平均值功能的仪器读取30s内的平均值，或者人工读取30s内的最高值和最低值，取平均值为高怠速污染物测试结果。此处还需测量高怠速时的过量空气系数。

3）发动机从高怠速降至低怠速15s后，由具有平均值功能的仪器读取30s内的平均值，或者人工读取30s内的最高值和最低值，取平均值为怠速污染物测量结果。注意：若为多排气管时，取各排气管测量结果的算术平均值作为测量结果；若车辆排气管长度小于测量深度时，应使用排气加长管。

4）反吹清洁检测仪器，打印检测报告单。

2. 简易瞬态工况法

简易瞬态工况法使用的是汽车排放总量分析系统（VMAS，Vehicle Mass Analysis System）。在《点燃式发动机汽车排气污染物排放限值及测量方法（双怠速法及简易工况法）》（GB 18285—2005）标准中8.1款明确规定：对于机动车排气污染严重的城市，经过环保部同意，地方人民政府批准后，可以选择使用该标准中推荐的任意一种工况法。对于三种工况测量方法，地方环保部门可以根据自身情况进行选择，对于已经实施工况法的车型，将不再执行双怠速法。对于实施工况法的地区或城市，可以根据辖区自身情况制定和调整工况法排放限

值，经省级人民政府批准后执行。

在 GB 18285—2005 标准中，规范性附录 D 规定了本标准 8.1 中规定的简易瞬态工况法测量方法的测试规程。

（1）简易瞬态工况法（VMAS）试验测试系统

点燃式发动机汽车简易瞬态工况污染物排放试验测试系统包括：一个至少能模拟加速惯量和匀速负荷的底盘测功机、一个五气分析仪、一个气体流量分析仪组成的取样分析系统。它可以实时分析车辆在负荷工况下排气污染物的排放质量。

简易瞬态工况法（VMAS）试验测试系统如图 1-2 所示。

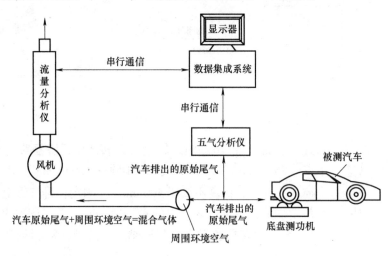

图 1-2　简易瞬态工况法（VMAS）试验测试系统

（2）被测试车辆准备

被检测车辆检测前，应仔细检查，做到车况良好。

1）车辆机械状况良好，无影响安全或引起试验偏差的机械故障。

2）车辆进、排气系统不得有任何渗漏。

3）车辆的发动机、变速器和冷却系统等应无液体泄漏。

4）关闭空调、暖风等附属装备。

5）进行试验前，车辆工作温度应符合规定，过热车辆不得进行测试。

6）车辆驱动轮应位于滚筒上必须确保车辆横向稳定。驱动轮胎应干燥防滑。

7）车辆应限位良好。对前轮驱动车辆，试验前应使驻车制动起作用。

（3）检测流程

GB 18285—2005 标准中简易瞬态工况法测试试验运行循环如图 1-3 所示。循环试验时间为 195s。循环由怠速、加速、减速和等速等 15 个工况组成。试验时，由底盘电涡流测功机模拟车辆在道路上的实际行驶阻力，使用与瞬态工况法

（IM195）完全相同的道路阻力设定方法进行阻力设定，且试验循环也与瞬态工况法（IM195）相同，所以简易瞬态工况法（VMAS）也常被称为 IG195 法。其测试结果计量以单位里程机动车污染物排放的质量 g/km 为计量单位。

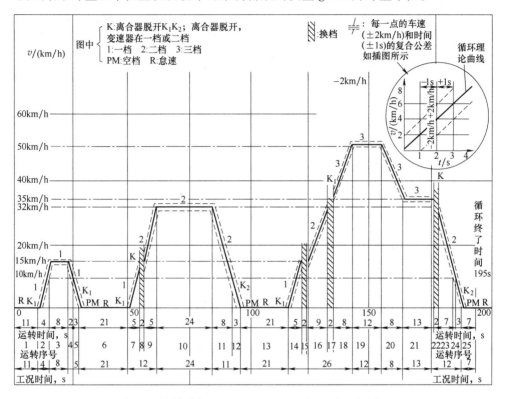

图 1-3　简易瞬态工况法（VMAS）测试试验运行循环

（4）数据记录

采用简易瞬态工况法进行机动车排气污染物检测后，检测记录的信息包括：原始状态参数、环境参数、试验检测数据三部分。

1）原始状态参数。测试记录号，检测站和检测员号，测功机检测系统或测功机号，测试日期和最终排放结果时间，车辆型号和生产企业，底盘型号和生产企业，发动机型号、生产企业、气缸数和排量，变速器种类和档位数，基准质量、最大总质量和单车轴重，驱动方式和驱动轮气压，车牌号码、车辆识别码（VIN）和车辆登记日期，供油型式、催化净化器情况和燃油规格，累计行驶里程数，车主及其联系方法。

2）环境参数。相对湿度（%）、环境温度（℃）、环境压力（kPa）。

3）试验检测数据。测试时间（s）、测功机设定功率（kW）、HC 测试值（g/km）、CO 测试值（g/km）、NO_x 测试值（g/km）、CO_2 测试值（g/km）。

二、《车用压燃式发动机和压燃式发动机汽车排气烟度排放限值及测量方法》（GB 3847—2005）

GB 3847—2005 修改采用联合国欧洲经济委员会（UNECE）1986 年 4 月 20 日生效的 ECE R24/03 法规《对压燃式发动机和压燃式发动机汽车排气可见污染物排放的核准规则》的主要技术内容。对于在用汽车自由加速试验的排放限值及测量方法，参考了欧洲共同体委员会 96/96/EC 指令中 8.2.2 条对装用压燃式发动机汽车排气可见污染物排放的相关规定，增加了附录 I《在用汽车自由加速试验不透光烟度法》。

GB 3847—2005 规定了车用压燃式发动机和压燃式发动机汽车的排气烟度的排放限值及测量方法。

GB 3847—2005 适用于压燃式发动机排气烟度的排放检测，包括：发动机型式核准和生产一致性检查，压燃式发动机汽车排气烟度的排放包括新车型式核准和生产一致性检查、新生产汽车和在用汽车的检测，适用于污染物排放符合 GB 18352 的装用压燃式发动机的轻型汽车。

GB 3847—2005 适用于按原 GB 14761.6—1993《柴油车自由加速烟度排放标准》生产制造的在用汽车。测量方法与原 GB/T 3846—1993《柴油车自由加速烟度的测量 滤纸烟度法》规定的波许烟度法相同。

GB 3847—2005 不适用于低速载货汽车和三轮汽车。

1. 在用汽车自由加速试验（滤纸烟度法及不透光烟度法）

（1）自由加速工况

在发动机怠速下，迅速但不猛烈地踩下加速踏板，使喷油泵供给最大油量。在发动机达到调速器允许的最大转速前，保持此位置。一旦达到最大转速，立刻松开加速踏板，使发动机恢复至怠速。

（2）自由加速滤纸烟度

在自由加速工况下，从发动机排气管抽取规定长度的排气柱所含的碳烟，使规定面积的清洁滤纸染黑的程度，称为自由加速滤纸烟度。

（3）自由加速不透光烟度

在自由加速工况下，利用透光衰减率，通过测量排气烟度对光的吸收程度来决定排气烟度的污染程度，称为自由加速不透光烟度。

（4）检测流程

1）自由加速试验（滤纸烟度法）检测流程如图 1-4 所示。

2）在用汽车自由加速试验（不透光烟度法）流程如图 1-5 所示。

3）在用汽车自由加速试验烟度测量限值。滤纸烟度法仅适用于 2001 年 9 月 30 日前生产的在用车检测，需要测量滤纸（波许）烟度值（Rb）。

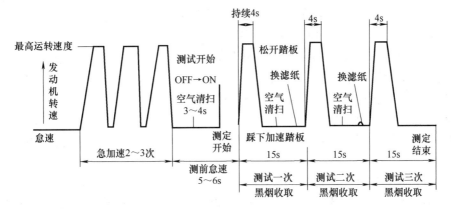

图 1-4　自由加速试验（滤纸烟度法）检测流程

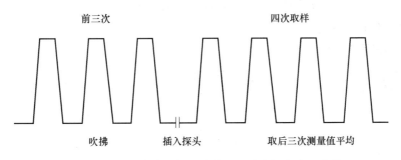

图 1-5　在用汽车自由加速试验（不透光烟度法）流程

对于 2001 年 10 月 1 日以后生产的在用车，采用自由加速工况进行检测时，需要用不透光烟度法。测量参数为光吸收系数 k（m^{-1}）。同时需要监测发动机转速（r/min）、油温（℃）以及大气温度（℃）、相对湿度（%）、大气压力（kPa）等环境参数。

压燃式发动机在用汽车自由加速法排放限值见表 1-3。

表 1-3　压燃式发动机在用汽车自由加速法排放限值

车　　型	自由加速排气烟度排放限值
2005 年 7 月 1 日起生产的在用汽车	$k <$ 新车型核准值 $+ 0.5m^{-1}$
2001 年 10 月 1 日 ~ 2005 年 7 月 1 日生产的在用汽车	非增压式：$k < 2.5m^{-1}$
	涡轮增压式：$k < 3.0m^{-1}$
1995 年 7 月 1 日 ~ 2001 年 9 月 30 日生产的在用汽车	波许烟度值 $< 4.5Rb$
1995 年 6 月 30 日前生产的在用汽车	波许烟度值 $< 5.0Rb$

2. 加载减速法

在 GB 3847—2005 规范性附录 J 中明确规定了道路用柴油车加载减速烟度排

放测量方法，明确该方法适用于装用压燃式发动机、最大质量大于400kg、最大设计速度大于或者等于50km/h的在用汽车。

在该标准中26款规定："在机动车保有量大、污染严重地区，可采用本标准附录J中所规定加载加速工况法"，"各省级有关行政主管部门可根据当地实际情况，确定在用汽车排放监控方案，选择自由加速法或加载减速工况法中的一种方法作为在用汽车排放监控方案"，"采用加载减速工况法的地区，应制定地方排气烟度限值，经省级人民政府批准，报国务院有关行政主管部门备案后实施"。

（1）加载减速工况法检测系统

加载减速工况法是一种利用底盘测功机模拟车辆带载运行情况的压燃式汽车排气烟度检测方法，其优点在于能基本模拟在用车在道路上行驶的实际运行工况，较准确地反映在用压燃式汽车的实际烟度排放情况，能较好地控制在用压燃式汽车的污染物排放。

加载减速工况法检测系统如图1-6所示。

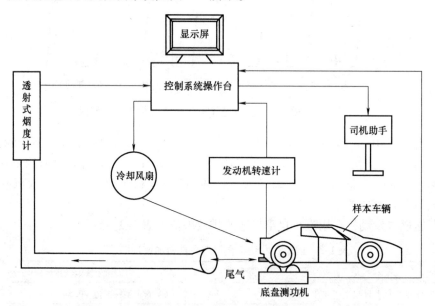

图1-6　加载减速工况法检测系统

（2）加载减速工况法检测规程

采用加载减速工况法进行排放检测，其流程由以下三部分组成：

1）第一部分是对车辆进行预先检查，以保证受检车辆与证件的一致性和进行检测的安全性。

2）第二部分是检查检测系统和车辆的状况是否适合进行检测。

3）第三部分则是进行排放检测，检测工作由系统控制自动进行，以保证检测过程的一致性和检测结果的可靠性。

（3）检测技术要求

1）试验前应该对车辆的技术状况进行预检，以确定待检车辆是否能够进行后续的排放检测。

2）待检车辆放在底盘测功机上，按照规定的加载减速检测程序，检测最大轮边功率和相对应的发动机转速和转鼓线速度（VelMaxHP），并检测 VelMaxHP 点、90% VelMaxHP 点和 80% VelMaxHP 点的排气光吸收系数 k。排气烟度检测应采用分流式不透光烟度计。

3）功率扫描过程中实测的最大轮边功率不得低于制造厂规定的发动机标定功率的 50%。

4）全时四轮驱动车辆不能按加载减速法进行检测，这类车辆可按自由加速法进行排气烟度的检测，其他装用压燃式发动机的在用汽车可按本标准进行排放检测。

5）检测过程中由于发动机出现故障导致检测工作终止时，必须待故障排除后重新进行排放检测。

（4）排放检测

正式检测开始前，检测员应按以下步骤操作，以使控制系统能够获得自动检测所需的初始数据。

1）起动发动机，变速器置空档，踩加速踏板，逐渐增大油门（节气门）[⊖]直到达到最大，并保持在最大开度状态，记录这时发动机的最大转速，然后松开加速踏板，使发动机回到怠速状态。

2）使用前进档驱动被检车辆，选择合适的档位，使油门处于全开位置，测功机指示的车速最接近 70km/h，但不能超过 100km/h。对装有自动变速器的车辆，应注意不要在超速档下进行测量。

3）在确认机动车可以进行排放检测后，将底盘测功机切换到自动检测状态。

4）检测开始后，检测员始终将油门保持在最大开度状态，直到检测系统通知松开加速踏板为止。在试验过程中检测员应实时监控发动机冷却液温度和机油压力。一旦冷却液温度超出了规定的温度范围，或者机油压力偏低时，都必须立即暂时停止检测。当冷却液温度过高时，检测员应松开加速踏板，将变速器置空档，使车辆停止运转。然后使发动机在怠速工况下运转，直到冷却液温度重新恢复到正常范围为止。

⊖ 因本书中的在用机动车既涉及装有节气门的汽油机车辆，也涉及未装节气门的柴油机车辆，还涉及摩托车等车辆，所以本书中无明确类型的车辆时，仍用"油门"一词表述。

5）检测过程中，检测员应时刻注意受检车辆或检测系统的工作情况。
检测结束后，打印检测报告并存档。

三、《摩托车和轻便摩托车排气污染物排放限值及测量方法（双怠速法）》（GB 14621—2011）

《摩托车和轻便摩托车排气污染物排放限值及测量方法（双怠速法）》（GB 14621—2011）代替原来的《摩托车和轻便摩托车排气污染物排放限值及测量方法（怠速法）》（GB 14621—2002）。

GB 14621—2011 适用于装有点燃式发动机的摩托车和轻便式摩托车的型式核准、生产一致性检查和在用车的排气污染物检查。

1. 车辆污染物排放检测流程

（1）被测车辆准备

对被测试摩托车进行预热：按照《轻便摩托车污染物排放限值及测量方法（工况法，中国第Ⅲ阶段）》（GB 18176—2007）的规定工况，在底盘测功机上至少运行四个循环，或者在正常条件下至少行驶 15min 进行预热。应在预热车辆后 10min 内进行怠速和高怠速排放测量。

在被测试摩托车排气消声器尾部加一长 600mm、内径 40mm 的专用密封接管，并应保证排气背压不超过 1.25kPa，且不影响发动机的正常运行。

（2）高怠速排气污染物的测量

1）发动机从怠速状态加速至 70% 额定转速，运转 30s 后降至高怠速状态 [50% 额定转速，小车（2500 ±100）r/min，大车（1800 ±100）r/min] 并保持。

2）将取样探头插入排气管，深度不少于 400mm，并固定在排气管上。维持 15s 后，由具有平均值功能的仪器读取 30s 内的平均值，或者人工读取 30s 内的最高值和最低值，取平均值为高怠速污染物测试结果。此处还需测量高怠速的过量空气系数。

（3）怠速状态排气污染物测量

发动机从高怠速降至低怠速 15s 后，由具有平均值功能的仪器读取 30s 内的平均值，或者人工读取 30s 内的最高值和最低值，取平均值为怠速污染物测量结果。

2. 污染物排放限值

进行排气污染物检测时，需记录试验时发动机转速。

（1）型式核准和生产一致性检查排放限值

摩托车和轻便摩托车在分别按照 GB 14622—2007、GB 18176—2007 的要求进行型式核准、生产一致性检查的同时，应按标准 GB 14621—2011 的规定进行双怠速法排放检测，排气污染物排放应满足表 1-4 的规定要求。

表 1-4　双怠速法型式核准和生产一致性检查排放限值

实施要求和日期	工　　况			
	怠 速 工 况		高怠速工况	
	CO(%)	HC(×10⁻⁶)	CO(%)	HC(×10⁻⁶)
2011 年 10 月 1 日起，型式核准、生产一致性检查	2.0	250	2.0	250

注：1. HC 体积分数值按正己烷当量计。

　　2. 污染物浓度为体积分数。

（2）在用车排放限值

在用摩托车和轻便摩托车排气污染物排放应满足表 1-5 的规定要求。

表 1-5　双怠速法在用摩托车和轻便摩托车排放限值

实施要求和日期	工　　况			
	怠 速 工 况		高怠速工况	
	CO(%)	HC(×10⁻⁶)	CO(%)	HC(×10⁻⁶)
2003 年 7 月 1 日前生产的摩托车和轻便摩托车（二冲程）	4.5	8000	—	—
2003 年 7 月 1 日前生产的摩托车和轻便摩托车（四冲程）	4.5	2200	—	—
2003 年 7 月 1 日起生产的摩托车和轻便摩托车（二冲程）	4.5	4500	—	—
2003 年 7 月 1 日起生产的摩托车和轻便摩托车（四冲程）	4.5	1200	—	—
2010 年 7 月 1 日起生产的两轮摩托车和两轮轻便摩托车	3.0	400	3.0	400
2011 年 7 月 1 日起生产的三轮摩托车和三轮轻便摩托车				

注：1. HC 体积分数值按正己烷当量计。

　　2. 污染物浓度为体积分数。

四、《摩托车和轻便摩托车排气烟度排放限值及测量方法》（GB 19758—2005）

《摩托车和轻便摩托车排气烟度排放限值及测量方法》（GB 19758—2005）适用于摩托车和轻便摩托车型式核准、生产一致性检查，同时规定了在用车的排气烟度排放限值及测量方法。

1. 基本概念

（1）急加速工况

急加速工况是指对带有手动或自动变速器的摩托车和轻便摩托车，使离合器接合，变速器档位处于Ⅰ位置。试验时，迅速使油门全开，持续至2s后立即松开油门，减速至怠速，一个循环共32s。

（2）急加速烟度

急加速烟度是指在急加速工况下，摩托车和轻便摩托车排烟测量中的不透光度峰值。

（3）不透光度 N（%）

不透光度 N 是指由光源发射的光线不能透过排烟的比率以百分数表示。光线完全透过时为0，完全不透过时为100%。

2. 排气烟度排放限值

用急加速法测量时，不透光度 N 的排放限值见表1-6。

表1-6　不透光度 N 的排放限值

排放试验类别		排放限值 N（%）
型式核准		15
生产一致性检查		
在用车排放检查	2006年7月1日起生产的车辆	30
	2006年7月1日前生产的车辆	40

3. 检测试验流程

（1）检测试验前准备

被测车辆应保持良好的机械状态，并符合制造企业出厂的规定。特别注意检查进排气系统的密封性以及安全性，按制造企业技术要求调整发动机怠速。

（2）检测步骤

1）起动摩托车或轻便摩托车，供给冷却风，加大油门（如车辆带离合器，应使之分离），使摩托车或轻便摩托车自怠速加速到制造企业规定的最大功率转速，运行600s，以消除黏附在发动机和消声器内表面上的沉积物对排烟的影响。

2）松开油门，关闭冷却风，并使摩托车或轻便摩托车怠速运行300s（如车辆带离合器，应使之接合，使变速器档位处于Ⅰ位）。

3）迅速使油门全开，持续至2s后立即松开油门，减速至怠速共32s为一个循环。记录不透光度及发动机转速的最大峰值。记录不透光度的变化曲线，用转速表测量发动机转速。

4）重复第三步过程，共运行15个循环，取后5个循环的测量峰值的平均值为摩托车或轻便摩托车排气烟度排放测量值。

摩托车或轻便摩托车排烟测量急加速法运行模式如图1-7所示。

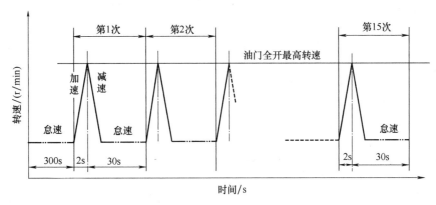

图1-7 摩托车或轻便摩托车排烟测量急加速法运行模式

4. 本标准实施

《摩托车和轻便摩托车排气烟度排放限值及测量方法》（GB 19758—2005）属首次发布，摩托车和轻便摩托车的排气烟度排放生产一致性检查由国务院有关行政主管部门组织实施。在用车排放状况检查由县级及以上人民政府环境保护行政主管部门负责实施。要求如下：

1）自2005年7月1日起，所有进行型式核准的新型摩托车和轻便摩托车均应满足本标准要求。

2）自2006年7月1日起，所有销售和投入使用的摩托车和轻便摩托车均应满足本标准要求。

3）自2007年1月1日起，所有在用摩托车和轻便摩托车均应满足本标准要求。

五、《农用运输车自由加速烟度排放限值及测量方法》（GB 18322—2002）

《农用运输车自由加速烟度排放限值及测量方法》（GB 18322—2002）适用于农用运输车。它规定了两个实施阶段的型式认证、生产一致性检查和三个实施阶段的在用车检测试验的在用车在自由加速工况下烟度排放限值和测量方法。

1. 基本概念

（1）农用运输车

农用运输车是指以柴油机为动力装置、中小吨位、中低速度，从事道路运输的机动车辆，包括三轮农用运输车和四轮农用运输车，但不包括轮式拖拉机车组、手扶拖拉机车组和手扶变型运输机。

（2）自由加速工况

自由加速工况是指柴油发动机于怠速工况（发动机运转，离合器处于接合

位置，加速踏板与手油门处于松开位置，变速器处于空档位置），将加速踏板迅速踩到底，维持4s后松开。

（3）自由加速烟度

在自由加速工况下，从发动机排气管抽取规定容量的排气，使规定面积的清洁滤纸染黑的程度，称为自由加速烟度，单位为Rb。

2. 排放限值

在用低速汽车（农用运输车）的排气烟度排放限值见表1-7。

表1-7　在用低速汽车（农用运输车）的排气烟度排放限值

实施阶段	实施日期	烟度值/Rb	
		装有单缸柴油机	装有多缸柴油机
1	2002年7月1日前生产	6.0	4.5
2	2002年7月1日~2004年6月30日生产	5.5	4.5
3	2004年7月1日起生产	5.0	4.0
进入城镇建成区的在用农用运输车	2002年7月1日~2004年6月30日	4.5	
	2004年7月1日起生产	4.0	

3. 在用农用运输车排气污染物检测规程

（1）被检测车辆状态

1）进气系统应装有空气滤清器，排气系统应装有消声器并且不许有泄漏。

2）应保证取样探头插入深度不小于300mm。否则排气系统应加接管，并保证接口不漏气。

3）测试时使用的柴油应符合 GB 252—2000 的规定，不得使用消烟添加剂。

4）测量时发动机的冷却液、润滑油温度应达到车辆使用说明书所规定的热状态。

（2）测量前准备

1）用压力为 300~400kPa 的压缩空气清洗取样管路。

2）抽气泵置于待抽气位置。

3）将清洁的滤纸置于待取样位置，并将滤纸夹紧。

（3）循环时间

应于20s内完成（循环组成）所规定的循环。

（4）测量程序

1）检查试验发动机的最高空载转速必须达到规定值，并记录。

2）安装取样探头：将取样探头固定于排气管内，探头深度等于300mm，并

使其中心线与排气管轴线平行。

3）吹除存积物：按4）条规定的工况进行三次不测量的循环，以清除排气系统中积存的碳烟。

4）测量取样：将抽气泵开关置于加速踏板上，柴油发动机置于怠速工况（发动机运转，离合器处于接合位置，加速踏板与手油门处于松开位置，变速器处于空档位置），将加速踏板迅速踩踏到底，维持4s后松开，完成一次测量。

5）按4）循环连续测量三次，如图1-8所示。三次测量结果的算术平均值即为所测烟度值。

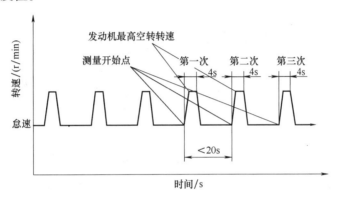

图1-8 在用农用运输车排气污染物检测规程

（5）清洗管路

在按测量程序完成三个测量循环以后，用压力为300~400kPa的压缩空气清洗取样管路。

六、《确定点燃式发动机在用汽车简易工况法排气污染物排放限值的原则和方法》（HJ/T 240—2005）

《确定点燃式发动机在用汽车简易工况法排气污染物排放限值的原则和方法》（HJ/T 240—2005）是环境保护部针对各省市地区推行 GB 18285—2005 标准而专门制定的一个部颁标准，其内容是指导各省地区采用简易瞬态工况法进行在用汽车排气污染物检测时，制定符合本地区点燃式发动机在用汽车排放限值应该采用的原则和方法。

1. 简易瞬态工况法排放限值的确定

地方政府在推行点燃式发动机在用汽车简易瞬态工况法排放标准时，省级人民政府应按国家有关法律规定委托其环境保护行政主管部门制定地方排放标准，并由省级人民政府批准和发布。地方环境保护行政主管部门在确定当地在用点燃式发动机汽车简易瞬态工况法排放限值时，应遵循以下原则和方法，并

参考采用 HJ/T 240—2005 中推荐的参考排放限值。

（1）简易瞬态工况法排放限值的确定基本原则

1）遵循"新车新标准，老车老标准"的原则。根据车型在新车进行型式核准时所达到的排放标准水平，同时考虑车辆在正常使用和维修保养情况下排放控制系统的正常劣化，来确定该车型的在用汽车排气污染物排放限值。

2）确定的排放限值应能有效地检测出高排放的车辆。推荐的城市控制高排放车辆的比例为 10%~25%。

3）在确定排放限值时，应根据当地实际情况，坚持"初始放松，逐步加严"的原则。

（2）简易瞬态工况法排放限值的确定方法

1）地方城市环境保护主管部门可根据需要建立在用汽车排放检测中心站，负责确定和调整地方排气污染物排放限值，同时负责对检测数据的统计分析以及对其他检测站的监督管理等。

2）在用汽车排放检测中心站应选用通过国家环境保护行政主管部门核准的检测设备和仪器。

3）根据国家不同阶段的新生产机动车排放标准，对地方在用车分布情况进行调查，对不同排放水平类型的在用车进行排放检测，原则上每种排放水平类型车辆的抽测数量应不低于 100 辆，同时应考虑不同排放水平车型的占有比例。

4）对检测数据进行统计分析，根据地方对高排放车辆的监管比例，确定地方在用汽车排气污染物排放限值。

（3）达标要求

1）采用简易瞬态工况法进行排放检测时，如果检测污染物有一项超过规定的限值，则认为受检车辆排放不合格。

2）对于单一气体燃料汽车，仅按燃用气体燃料进行排放检测；对于两用燃料汽车，要求对两种燃料分别进行排放检测。

3）对于排放超高或超低的车辆，检测时允许使用快速通过的检测方式。

2. 简易瞬态工况法排放限值

对于 2000 年 7 月 1 日以前生产的第一类轻型汽车和 2001 年 10 月 1 日以前生产的第二类轻型汽车，参考的简易瞬态工况法排放限值见表 1-8。

表 1-8　简易瞬态工况法排气污染物排放限值 I

基准质量（RM）/kg	最低限值/(g/km)			最高限值/(g/km)		
	CO	HC	NO$_x$	CO	HC	NO$_x$
RM≤1020	41.9	5.9	6.7	22	3.8	2.5
1020 < RM≤1470	45.2	6.6	6.9	29	4.4	3.5

（续）

基准质量（RM）/kg	最低限值/(g/km)			最高限值/(g/km)		
	CO	HC	NO$_x$	CO	HC	NO$_x$
1470 < RM ≤ 1930	48.5	7.3	7.1	36	5.0	3.8
RM > 1930	51.8	8.0	7.2	39	5.2	3.9

对于 2000 年 7 月 1 日起生产的第一类轻型汽车和 2001 年 10 月 1 日起生产的第二类轻型汽车，参考的简易瞬态工况法排放限值见表 1-9。

表 1-9 简易瞬态工况法排气污染物排放限值 Ⅱ

车辆类型		基准质量（RM）/kg	最低限值/(g/km)		最高限值/(g/km)	
			CO	HC + NO$_x$	CO	HC + NO$_x$
第一类车		全部	12.0	4.5	6.3	2.0
第二类车	Ⅰ类	RM ≤ 1250	12.0	4.5	6.3	2.0
	Ⅱ类	1250 < RM ≤ 1700	18.0	6.3	12.0	2.9
	Ⅲ类	1700 < RM	24.0	8.1	16.0	3.6

七、《确定压燃式发动机在用汽车加载减速法排气烟度排放限值的原则和方法》（HJ/T 241—2005）

《确定压燃式发动机在用汽车加载减速法排气烟度排放限值的原则和方法》（HJ/T 241—2005）是环境保护部针对各省市地区推行 GB 3847—2005 标准而专门制定的一个部颁标准，其内容是指导各省地区采用简易瞬态工况法进行在用汽车排气污染物检测时，制定符合本地区点燃式发动机在用汽车排放限值应该采用的原则和方法。

1. 确定压燃式发动机在用汽车加载减速法排气烟度排放限值的原则和方法

地方在推行压燃式发动机在用汽车加载减速法排放标准时，省级人民政府应按国家有关法律规定委托其环境保护行政主管部门制定地方排放标准，并由省级人民政府批准和发布。地方环境保护行政主管部门在确定当地在用汽车加载减速法排放限值时，应遵循以下原则和方法，并参考采用 HJ/T 241—2005 中推荐的参考排放限值。

（1）加载减速法排气烟度排放限值确定基本原则

1）遵循"新车新标准，老车老标准"的原则。根据车型在新车进行型式核准时所达到的排放标准水平，同时考虑车辆在正常使用和维修保养情况下的正常劣化，来确定该车型的在用汽车排气烟度的排放限值。

2）确定的排放限值应能有效地检测出高排放的车辆。推荐的城市控制高排放车辆的比例为 10%~25%。

3）在确定排放限值时，应根据当地实际情况，坚持"初始放松，逐步加严"的原则。

（2）加载减速法排气烟度排放限值的确定方法

1）地方城市环境保护主管部门可根据需要建立在用汽车排放检测中心站，负责确定和调整地方排气污染物排放限值，同时负责对检测数据的统计分析以及对其他检测站的监督管理等。

2）在用汽车排放检测中心站应选用通过国家环境保护行政主管部门核准的检测设备和仪器。

3）根据国家不同阶段的新生产机动车排放标准，对地方在用车分布情况进行调查，对不同排放水平类型的在用车进行排放检测，原则上每种排放水平类型车辆的抽测数量应不低于 100 辆，同时应考虑不同排放水平车型的占有比例。

4）对检测数据进行统计分析，根据地方对高排放车辆的监管比例，确定地方在用汽车排气污染物排放限值。

（3）达标要求

1）采用加载减速法进行排放检测时，如果在三个工况点（即 VelMaxHP 点、90% VelMaxHP 点和 80% VelMaxHP 点）测得的光吸收系数 k 中，有一项超过规定的排放限值，则判定受检车辆排放不合格。

2）如果受检车辆在功率扫描过程中测得的实际最大轮边功率值低于制造厂规定的发动机标定功率值的 50%，也被判定为排放不合格。

2. 加载减速法参考排放限值

表 1-9 中规定了根据生产日期划分的不同类型汽车的排气烟度排放限值范围，最低限值为各地方城市开始实施本检测方法时的最低要求；最高限值为经过检测与维护制度，该车种应最终达到的限值要求。各地方城市可在最低限值与最高限值之间根据各自情况调整本地区的限值标准，也可根据车辆生产年度划分不同限值。

供参考的加载减速法排放限值范围见表 1-10。

表 1-10　加载减速法排放限值范围

车　型		光吸收系数/m^{-1}
轻　型　车	重　型　车	
2005 年 7 月 1 日起生产的第一类轻型汽车和 2006 年 7 月 1 日起生产的第二类轻型汽车	2004 年 9 月 1 日起生产的重型车	100～139
2000 年 7 月 1 日起生产的第一类轻型汽车和 2001 年 10 月 1 日起生产的第二类轻型汽车	2001 年 9 月 1 日起生产的重型车	139～186

（续）

车 型		光吸收系数/m^{-1}
轻 型 车	重 型 车	
2000 年 7 月 1 日以前生产的第一类轻型汽车和 2001 年 10 月 1 日以前生产的第二类轻型汽车	2001 年 9 月 1 日以前生产的重型车	186～213

八、《在用柴油车排气污染物测量方法及技术要求（遥感检测法）》（HJ 845—2017）

《在用柴油车排气污染物测量方法及技术要求（遥感检测法）》（HJ 845—2017）是环境保护部制定的针对采用遥感检测技术实时检测在实际道路上行驶柴油车排气污染物排放的标准。标准规定了遥感检测技术的测量方法，测量仪器安装要求，检测结果判定原则和排放限值。

遥感检测是一种不影响车辆正常行驶的排放测试方法。《在用柴油车排气污染物测量方法及技术要求（遥感检测法）》（HJ 845—2017）适用于 GB/T 15089 规定的 M 类和 N 类装用压燃式发动机的汽车一氧化氮（NO）和颗粒物监督抽测，其中 NO 限值仅用于筛查高排放车。

《在用柴油车排气污染物测量方法及技术要求（遥感检测法）》（HJ 845—2017）由环境保护部 2017 年 7 月 27 日批准，2017 年 7 月 27 日起实施。

1. 遥感检测法测量原理

在用柴油车排气污染物测量方法是利用光学原理远距离感应测量行驶中汽车排气污染物。压燃式发动机汽车排气烟度测量，其不透光度测量采用 550～570nm 波长的绿色发光二极管光源或其他等效光源。林格曼黑度可使用视频摄像设备进行拍摄。

2. 遥感检测法测量设备

遥感检测设备根据工作情况主要分为垂直固定式、水平固定式和移动式遥感检测设备。

垂直固定式遥感检测：沿垂直方向布置检测仪器光路，可获取被测试车道上行驶车辆及其排放的污染物等相关信息，以实现对汽车排气污染物快速测量的遥感检测方法。

水平固定式遥感检测：一种固定式遥感检测方法。沿水平方向布置检测仪器光路，可获取被测试车道上行驶车辆及其排放的污染物等相关信息，以实现对汽车排气污染物快速测量的遥感检测方法。

移动式遥感检测：用专用车装载，可以根据需要随机选择测量地点，使用

时将设备按照使用规定安放调试，工作结束后将设备收回，检测结果数据直接发送至环境保护主管部门或其委托机构。

3. 测量要求及测量方法

1）遥感检测测量环境条件。遥感检测测量大气环境应满足无雨、雾、雪，无明显扬尘，且满足表1-11。

表1-11　遥感检测测量大气环境条件

大 气 环 境	范　围
温度/℃	−20.0 ~ 45.0
相对湿度（%）	≤85.0
大气压力/kPa	70.0 ~ 101.4
风速/（m/s）	≤5.0

2）测量地点选择。测量地点应为视野良好，且路面平整的长上坡道路。测量路段可以是单车道路段或多车道路段，每辆车通过的间隔时间不小于1.0s，前后两辆车通过时间小于1.0s的测量结果无效。

4. 污染物排放限值及结果判定

（1）污染物排放限值

装用压燃式发动机汽车采用遥感检测法测量排放限值见表1-12。

表1-12　装用压燃式发动机汽车采用遥感检测法测量排放限值

技 术 要 求	不透光度（%）	林格曼黑度	NO[①]（体积分数）
限值	30	1 级	1500×10^{-6}

① NO 限值仅用于筛查高排放车。

（2）结果判定

连续两次及以上同种污染物检测结果超过表1-11规定的排放限值，且测量时间间隔在6个自然月内，则判定受检车辆排放不合格。

第四节　在用机动车环保检验设备标准

一、《汽油车双怠速法排气污染物测量设备技术要求》（HJ/T 289—2006）

《汽油车双怠速法排气污染物测量设备技术要求》（HJ/T 289—2006）的制定，是为了贯彻《点燃式发动机汽车排气污染物排放限值及测量方法（双怠速法及简易工况法）》（GB 18285—2005），保证机动车污染物排放检测工作质量。

HJ/T 289—2006 是首次发布，于 2006 年 9 月 1 日实施，适用于汽油车双怠速法排气污染物测量设备的生产、使用和型式核准检验。

HJ/T 289—2006 标准明确规定了在用汽油车双怠速法排气污染物测量的主要设备——排气分析仪的规格、功能和性能的技术要求及测试方法，计算机控制软件功能的基本要求；规定了机动车污染物检测站日常设备检验、检测站现场安装设备检验和型式核准检验的项目要求和测试方法。

1. 取样系统和排气分析仪的组成

排气分析仪和取样系统的主要组成部件至少应包括：取样探头，取样软管，颗粒过滤器，水分离器，$[CO]^{\ominus}$、$[CO_2]$ 和 $[HC]$ 传感器，$[O_2]$ 传感器，气体压力传感器（或流量计），相应的可控电磁阀和可控泵，校准端口，检查端口，发动机转速传感器（或输入端口），机油温度传感器（或输入端口）等。

2. 取样系统主要技术要求

机动车排气污染物检测试验相关技术主要要求如下：

1）取样系统应保证可靠耐用，无泄漏，易于保养。

2）对独立工作的汽车双排气管应采用 Y 形取样管的对称双探头同时取样。应保证两个取样管内的样气同时到达总取样管，两个取样管内的样气流速差异应不超过 10%。

3）取样管长度应为 4~6m。直接接触排气的取样管材料应是无气孔的。取样管应是易弯曲的，不易打结和压裂。

4）取样管路应采用不存留排气、不改变尾气样气成分与浓度的材料制造，即不得以任何方式吸附、吸收样气，影响样气成分或与样气产生反应。

5）探头应带有固定装置，易于把取样探头固定在排气管上。取样探头的长度应保证能插入排气管 400mm 的深度。必要时，为使取样准确，取样探头应配备排气管的外接管。

6）取样探头应能承受 600℃ 的高温达 5min。

3. 排气分析仪的主要技术要求

机动车排气污染物检测试验相关技术主要要求如下：

1）排气分析仪通电至预热结束指示出现所用的时间不超过 30min。在预热期间，系统锁止并有预热指示。

2）系统响应时间要求：$[CO]$、$[CO_2]$ 和 $[HC]$ 通道，T_{95} 不大于 15s。$[O_2]$ 通道，T_{10} 不大于 60s。

$\ominus$　$[\ ]$ 表示该气体的浓度（或体积分数）。

二、《汽油车简易瞬态工况法排气污染物测量设备技术要求》（HJ/T 290—2006）

《汽油车简易瞬态工况法排气污染物测量设备技术要求》（HJ/T 290—2006）的制定，是为了贯彻《点燃式发动机汽车排气污染物排放限值及测量方法（双怠速法及简易工况法）》（GB 18285—2005），保证机动车污染物排放检测工作质量。HJ/T 290—2006 是首次发布，于 2006 年 9 月 1 日实施，适用于汽油车简易瞬态工况法排气污染物测量设备的生产、使用和型式核准检验。

HJ/T 290—2006 标准明确规定了在用汽油车简易瞬态工况法排气污染物测量的主要设备——底盘测功机、五气分析仪、流量计的规格、功能和性能的技术要求、测试方法，计算机控制软件功能的基本要求；规定了机动车污染物检测站日常设备检验、检测站现场安装设备检验和型式核准检验的项目要求和测试方法。

1. 底盘测功机的组成及主要技术要求

底盘测功机主要组成部件包括：功率吸收装置及控制器、滚筒、机械惯量装置、驱动电动机、转速传感器、举升器及控制装置、传动装置、侧向限位装置。

1）底盘测功机的框架应有足够的强度和刚度，应保证施加于驱动轮上的水平、垂直方向的力对车辆的排放水平没有显著影响，同时，应有很高的工作可靠性。

2）底盘测功机应配备防止车辆侧向移动的限位装置，该限位装置能在车辆任何合理的操作条件下进行侧向安全限位，且不损伤车轮或车辆其他部件。

3）底盘测功机应具有根据简易瞬态测试工况加载要求进行自动加载的功能。底盘测功机控制器对滚筒转速和总吸收功率的数据采集频率不低于 10Hz。

4）应配备辅助冷却装置，冷却风机的噪声应符合我国相应法规的要求。

5）底盘测功机电气系统应能防水、防振动、防过热、防过电压、防过电流、防电磁干扰，应可靠搭铁，应有通电指示灯。

6）底盘测功机应能方便地保养和维修。

7）环境适应性。工作温度范围为 0 ~ 40℃，工作相对湿度范围为 0 ~ 85%，大气压力为 80 ~ 110kPa。

2. 五气分析仪和取样系统的组成及主要技术要求

五气分析仪和取样系统的主要组成部件至少应包括：取样探头，取样软管，颗粒过滤器，冷凝器，水分离器，[CO]、[CO$_2$] 和 [HC] 传感器，[O$_2$] 传感器，[NO] 传感器，气体压力传感器，相应的可控电磁阀和可控泵，反吹装置，校准端口，检查端口，发动机转速传感器端口（可选件）等。

（1）取样系统技术要求

1）取样系统应保证可靠耐用，无泄漏，易于保养。

2）对独立工作的汽车双排气管应采用 Y 形取样管的对称双探头同时取样。应保证两个取样管内的样气同时到达总取样管，两个取样管内的样气流速差异应不超过 10%。

3）取样系统应具有密封性，检测过程中若发现有泄漏处，应及时检修，保证取样系统无泄漏为止。

（2）五气分析仪主要技术要求

五气分析仪的功能是自动测量 CO、HC、CO_2、NO 和 O_2 五种气体在尾气中的体积百分数。其中，［CO］、［HC］和［CO_2］采用不分光红外法（NDIR）进行测量，［NO］和［O_2］采用电化学法（ECD）进行测量。

1）五气分析仪的取样频率至少应为 1Hz。

2）环境适应性。工作温度范围为 0～40℃，湿度范围为 0～85%，大气压力为 80～110kPa。

3）电源适应性。电源电压在 198～242V、频率在（50±1）Hz 范围内变化时，五气分析仪各通道的示值误差不大于其最大允许误差值的 1/2。

4）五气分析仪应在通电后 30min 内达到稳定，在未经调整的 5min 内，零位及［HC］、［CO］、［NO］和［CO_2］传感器的量距点读数应稳定在误差要求的范围内。

三、《柴油车加载减速工况法排气烟度测量设备技术要求》（HJ/T 292—2006）

《柴油车加载减速工况法排气烟度测量设备技术要求》（HJ/T 292—2006）的制定，是为了贯彻《车用压燃式发动机和压燃式发动机汽车排气烟度排放限值及测量方法》（GB 3847—2005），保证机动车污染物排放检测工作质量。HJ/T 292—2006 是首次发布，于 2006 年 9 月 1 日实施，适用于柴油车加载减速工况法排气污染物测量设备的生产、使用和型式核准检验。

HJ/T 292—2006 标准明确规定了在用柴油车加载减速工况法排气烟度测量的主要设备——底盘测功机、不透光烟度计的规格、功能和性能的技术要求、测试方法，计算机控制软件功能的基本要求；规定了机动车污染物检测站日常设备检验、检测站现场安装设备检验和型式核准检验的项目要求和测试方法。

1. 底盘测功机的组成及主要技术要求

（1）底盘测功机的组成

底盘测功机主要组成部件包括：功率吸收装置及控制器、滚筒、机械惯量装置、驱动电动机、转速传感器、举升器及控制装置、传动装置、侧向限位

装置。

（2）主要技术要求

1）用于轻型车测试的冷却风机，送风口直径不超过 760mm，冷却风机与车辆的距离为 1m 左右为宜，用于重型车的冷却风机送风口直径不应超过 1000mm，冷却风机与车辆距离为 1m 左右为宜。

2）轻型车排放检测用底盘测功机的前、后、左、右滚筒的耦合方式可以采用机械或电力方式，前、后滚筒的速比为 1∶1，同步精度为 ±0.3km/h；重型车排放检测用的 3 轴 6 滚筒底盘测功机精度为 0.3km/h，3 轴 6 滚筒的底盘测功机实物如图 1-9 所示。

图 1-9　3 轴 6 滚筒的底盘测功机实物

3）底盘测功机最大测试车速不低于 130km/h。

2. 不透光烟度计的技术要求

不透光烟度计和取样系统的主要技术要求请参见本节中相关内容。

四、《压燃式发动机汽车自由加速法排气烟度测量设备技术要求》（HJ/T 395—2007）

《压燃式发动机汽车自由加速法排气烟度测量设备技术要求》（HJ/T 395—2007）的制定，是为了贯彻《车用压燃式发动机和压燃式发动机汽车排气烟度排放限值及测量方法》（GB 3847—2005），保证机动车污染物排放检测工作质量。HJ/T 395—2007 是首次发布，于 2008 年 3 月 1 日实施，适用于压燃式发动机汽车自由加速法排气污染物测量设备的生产、使用和型式核准检验。

HJ/T 395—2007 标准明确规定了在用压燃式发动机汽车自由加速法排气烟度测量的主要设备——不透光烟度计的规格、功能和性能的技术要求、测试方法，计算机控制软件功能的基本要求；规定了机动车污染物检测站日常设备检验、检测站现场安装设备检验和型式核准检验的项目要求和测试方法。

1. 不透光烟度计和取样系统的组成

不透光烟度计和取样系统至少包括：取样探头、取样软管、光发送器、光接收器、测量气室及其温度调节装置、校准室、样气入口通道、环境空气入口通道、发动机转速传感器端口（可选件）等。

2. 不透光烟度计主要技术要求

1）不透光烟度计的光通道有效长度一般为 430mm，当不透光烟度计的光通

道有效长度不是 430mm 时，设备供应商应提交不透光烟度计的光通道有效长度，以便于核准检测。

2）预热性能测试技术要求：当环境温度为 20℃ 时，预热时间不超过 15min，调零读数和量程读数满足下述要求时视为预热完成：在 15min 的等待时间内零点漂移和量程漂移小于 $0.08m^{-1}$。

3）在测量气室充满清洁空气，打开光源时，不透光度的线性分度读数为 0；关闭光源时，不透光度的线性分度读数为 99.9%；重新打开光源时，不透光度的线性分度读数为 0。

4）从烟气进入气室到完全充满气室，经历的时间少于 0.4s。烟室的排气压力与大气压力之差应不超过 735Pa。

5）不透光烟度计工作环境条件：温度范围为 5～40℃，相对湿度范围为 0～95%。在测量时，烟室中各点的气体温度应在 70℃ 至不透光烟度计制造厂规定的最高温度之间。不透光烟度计存放环境条件为 -32～50℃。

6）不透光烟度计示值误差技术要求：对每一标准滤光片值，以不透光度的线性分度值为计量单位，均值 $\bar{x}$ 的绝对误差不超过 ±2%。

3. 取样系统技术的要求

1）一辆至少重 3000kg 的汽车以 5～8km/h 的速度在垂直于软管的方向上两次压过被试软管时，不能有变形或者绞缠。

2）用于轻型车的取样管长度应小于 1.5m，用于重型车的取样管长度应小于 3.5m。

3）取样探头的长度应保证能插入排气管 400mm 的深度，取样探头与排气管的横截面面积之比不应小于 0.05。

4）取样探头能承受 600℃ 高温达 10min。

第二章
机动车及发动机基础知识

第一节　机动车的基础知识

一、基本概念

2003年颁布实施的《中华人民共和国道路交通安全法》第119条中明确了机动车的定义是："以动力装置驱动或者牵引，上道路行驶的供人员乘用或者用于运送物品以及进行工程专项作业的轮式车辆。"

从上述定义可以看出，机动车是在道路上行驶的、包括动力输出及转换装置的一类移动式机械，主要用途是运输或进行专项作业。为了更加明确地区分轨道车辆、履带式车辆以及玩具车辆，国家标准GB 7258—2017《机动车运行安全技术条件》中对机动车进行了更为详尽的定义："由动力装置驱动或牵引，上道路行驶的供人员乘用或用于运送物品以及进行工程专项作业的轮式车辆，包括汽车及汽车列车、摩托车、拖拉机运输机组、轮式专用机械车、挂车。"

汽车： 是由动力驱动，具有四个或四个以上车轮的非轨道承载的车辆，主要用于载运人员和货物、牵引载运货物的车辆或特殊用途的车辆、专项作业。还包括与电力线相联的车辆，如无轨电车；整车整备质量超过400kg的不带驾驶室的三轮车辆；整车整备质量超过600kg的带驾驶室的三轮车辆。包括客车、货车、牵引车、低速汽车和专项作业车等。

摩托车： 是由动力装置驱动的，具有两个或三个车轮的道路车辆，但不包括整车整备质量超过400kg的不带驾驶室的三轮车辆；整车整备质量超过600kg的带驾驶室的三轮车辆；最大设计车速、整车整备质量、外廓尺寸等指标符合相关国家标准和规定的，专供残疾人驾驶的机动轮椅车；电驱动的，最大设计车速不大于20km/h，具有人力骑行功能，且整车整备质量、外廓尺寸、电动机额定功

率等指标符合相关国家标准规定的两轮车辆。包括普通摩托车和轻便摩托车。

三轮摩托车与三轮低速汽车的区别在于：三轮低速汽车最高设计车速不大于 50km/h，整车整备质量超过 400kg（不带驾驶室）或 600kg（带驾驶室），悬挂黄底黑字黑框线牌照，牌照尺寸为 300mm×165mm；三轮摩托车的整车整备质量小于 400kg（不带驾驶室）或 600kg（带驾驶室），最高车速小于 70km/h（普通三轮摩托车）或 50km/h（轻便三轮摩托车），普通摩托车悬挂黄底黑字黑框线牌照，轻便摩托车悬挂蓝底白字白框线牌照，牌照尺寸为 220mm×140mm。

拖拉机运输机组：由拖拉机牵引一辆挂车组成的用于载运货物的机动车，包括轮式拖拉机运输机组和手扶拖拉机运输机组。

定义中的拖拉机是指最高设计车速不大于 20km/h，牵引挂车方可从事道路货物运输作业的手扶拖拉机，和最高设计车速不大于 40km/h，牵引挂车方可从事道路货物运输作业的轮式拖拉机。

手扶拖拉机运输机组还包含手扶变型运输机，即发动机 12h 标定功率不大于 14.7kW，采用手扶拖拉机底盘，将扶手改成转向盘，与挂车连在一起组成的折腰转向式运输机组。

货车型拖拉机运输机组与低速货车的区别在于：拖拉机运输机组是由牵引拖拉机与被牵引挂车构成，最高车速不大于 40km/h，悬挂绿底白字农机牌照；低速货车则是由四个车轮、驾驶室、底盘和货厢等构成的汽车，最高车速小于 70km/h，悬挂黄底黑字黑框线低速汽车牌照。

轮式专用机械车：有特殊结构和专门功能，装有橡胶车轮可以自行行驶，最大设计车速大于 20km/h 的轮式机械，如装载机、平地机、挖掘机和推土机等，但不包括叉车。

轮式专业机械车与专项作业车的区别在于：专项作业车是汽车，是装有专业设备或器具，为完成专项作业而设计制造的汽车，其主要目的不是运货或载人。包括汽车起重机、消防车、混凝土泵车、环卫车、信号转播车、医疗车、高空作业车和钻探车等，简称专用汽车。轮式专业机械车不是汽车，是装有橡胶车轮，具有特殊结构和专门功能，可以自行行驶的专业机械，其最高设计车速大于 20km/h，如装载机、平地机、压路机、推土机和挖掘机等，但不包括叉车，可以简称为专用机械。

二、汽车的分类

汽车按照不同的要求及用途，有以下不同的分类方法：

1）按照 GB/T 15089—2001《机动车辆及挂车分类》中的规定，汽车及摩托车被分为 L 类、M 类和 N 类。

L 类：两轮或三轮摩托车。其中包括 L1 类（轻便两轮摩托车）、L2 类（轻

便三轮摩托车)、L3类(普通两轮摩托车)、L4类(普通边三轮摩托车)和L5类(普通正三轮摩托车)。

M类:载客汽车。包括M1类、M2类和M3类。

M1类:包括驾驶人座位在内,座位数不超过九座的载客车辆。

M2类:包括驾驶人座位在内座位数超过九个,且最大设计总质量不超过5000kg的载客车辆。

M3类:包括驾驶人座位在内座位数超过九个,且最大设计总质量超过5000kg的载客车辆。

包括两个或多个不可分铰接在一起的铰接客车被认为是单个车辆。

N类:载货汽车。包括N1类、N2类和N3类。

N1类:最大设计总质量不超过3500kg的载货车辆。

N2类:最大设计总质量超过3500kg,但不超过12000kg的载货车辆。

N3类:最大设计总质量超过12000kg的载货车辆。

2)按照GB 18285—2005《点燃式发动机汽车排气污染物排放限值及测量方法(双怠速法及简易工况法)》等排放标准中的规定,汽车被分为轻型汽车和重型汽车。

轻型汽车:最大总质量不超过3500kg的M1、M2和N1类车辆。其中包括第一类轻型汽车和第二类轻型汽车。

第一类轻型汽车:设计乘员数不超过6人(包括驾驶人),且最大总质量≤2500kg的M1类车,即俗称的轿车。

第二类轻型汽车:除第一类车以外的其他轻型汽车。

重型汽车:最大总质量大于3500kg的车辆。

3)根据汽车装配的发动机类型,汽车被分为点燃式发动机汽车和压燃式发动机汽车以及电动汽车和混合动力汽车。

点燃式发动机是燃料在发动机中被火花塞或其他物质点燃燃烧释放能量的发动机,如汽油机、CNG发动机和CNG/柴油双燃料发动机等。

压燃式发动机是燃料在发动机中由于被压缩导致温度、压力升高,达到了燃料的自燃温度,从而使燃料自燃并释放能量的发动机,如柴油机、DME(二甲醚)发动机和生物柴油发动机等。

4)根据汽车使用燃料种类,分为汽油车、柴油车、气体燃料汽车、代用燃料汽车和两用燃料汽车等。

5)根据汽车驱动方式,可分为前驱车、后驱车和全驱车等。

三、汽车的基本组成

汽车是由上万个零件构成的机动交通工具,基本结构主要由发动机、底盘、车身、电气与电子设备四大部分组成。

发动机是能量转换装置，作用是将燃料燃烧发出的热能转化成机械能并向外输出动力。现代汽车广泛应用往复活塞式内燃机作为动力来源，它一般由机体、曲柄连杆机构、配气机构、冷却系统、润滑系统、点火系统（点燃式发动机采用）和起动系统等部分组成。

底盘接收发动机动力，使汽车产生运动，并保证汽车按照驾驶人的操纵正常行驶。底盘由下列部分组成：

传动系统：将发动机输出的动力，通过离合器、变速器、传动轴、主减速器及差速器、半轴等零部件传递给车轮，驱动车辆行驶。

行驶系统：使汽车各总成及部件安装在适当位置，对全车起支承作用和对路面起附着作用，缓和道路冲击和振动。它包括支承全车的车架大梁或承载式车身，副车架，前、后悬架，车轮等部分。

转向系统：使汽车按驾驶人选定的方向行驶。它由转向盘、转向器以及转向传动装置组成，有的汽车还有转向助力装置。

制动系统：使汽车减速或停车，并可保证驾驶人离去后汽车能可靠停驻。它包括车轮制动器以及控制装置、传动装置和供能装置。

车身是驾驶人的工作场所，也是装载乘客和货物的地方。包括车身钣金、货厢以及某些专用作业设备等。

电气与电子设备包括电源组、发动机起动和点火系统、汽车照明和信号装置、仪表、中央控制器（ECU）和微处理器等。

本书仅对与尾气排放检验有关的发动机和传动系进行讲解。

第二节　发动机的结构及原理

发动机是汽车的动力源，同时也是汽车尾气排放的根源所在。目前汽车上广泛采用往复活塞式内燃机作为车用发动机。

往复活塞式内燃机可按照不同方法进行分类。

1）根据所用燃料种类的不同分为汽油机、柴油机和气体燃料发动机三类，分别以汽油、柴油或 CNG、LPG 等气体燃料作为燃烧剂燃烧做功。

2）根据燃料被引燃的方式不同分为点燃式发动机和压燃式发动机。一般汽油机、气体燃料发动机是点燃式，柴油机是压燃式。

3）根据发动机冷却方式的不同，分为水冷式和风冷式。

4）根据在一个工作循环中活塞往复运动的行程数，分为二冲程和四冲程发动机。汽车绝大多数配置四冲程发动机，二冲程发动机主要应用于轻便摩托车和军用车等特殊领域。

5）按照进气状态不同分为增压和非增压发动机。增压包括废气涡轮增压、

机械增压和气动增压三种方式。

6）按发动机中气缸数的多少，分为多缸机和单缸机。

除此之外，还可根据发动机上某些结构特征进行分类。

1. 往复活塞式内燃机的基本结构

发动机是将某一种形式的能量转换为机械能的机器，其作用是将液体或气体的化学能通过燃烧后转化为热能，再把热能通过气体膨胀转化为机械能并对外输出动力。能量转换的场所就是气缸，是发动机内由气缸壁、活塞顶以及缸盖共同构筑的一个圆柱形空腔。燃料在气缸内燃烧、膨胀，推动活塞在气缸内向下移动，活塞通过活塞销、连杆将动力传递给曲轴，曲轴将活塞的直线运动转化成旋转运动，通过飞轮向外输出动力，同时储存部分能量在飞轮中，利用飞轮的惯性运动，带动活塞向上移动，从而实现了活塞的往复运动。

要使发动机能够连续工作，不仅需要实现能量和运动的连续转换，还需要进气、排气和燃料的供给等功能能够连续进行，同时保障发动机正常运转的冷却、润滑等系统也需要持续工作。因此，发动机是一部由许多结构和系统组成的复杂机器，其结构形式多种多样，但由于基本工作原理相同，所以其基本结构也就大同小异。汽油机通常由曲柄连杆、配气两大机构和燃料供给、润滑、冷却、点火、起动五大系统组成。柴油机通常由两大机构和四大系统组成（无点火系统）。

往复活塞式内燃机总体构造如图 2-1 所示。

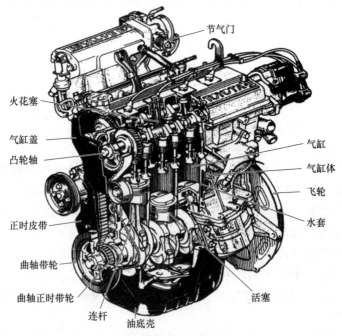

图 2-1　往复活塞式内燃机总体构造

（1）曲柄连杆机构

曲柄连杆机构是由气缸体、气缸盖、活塞、连杆、曲轴和飞轮等组成的，它是发动机产生动力，并将活塞的直线往复运动转变为曲轴旋转运动而对外输出动力的主要机构。曲柄连杆机构构造图如图2-2所示。

（2）配气机构

配气机构是由进气门、排气门、气门弹簧、气门挺柱、凸轮轴和正时机构等组成的。其作用是将新鲜气体及时充入气缸，并将燃烧产生的废气及时排出气缸。配气机构构造如图2-3所示。

（3）燃料供给系统

由于使用的燃料不同，燃料供给系统可分为汽油机燃料供给系统和柴油机燃料供给系统。

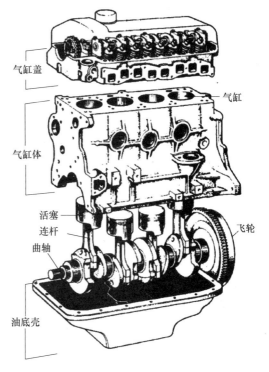

图 2-2　曲柄连杆机构构造图

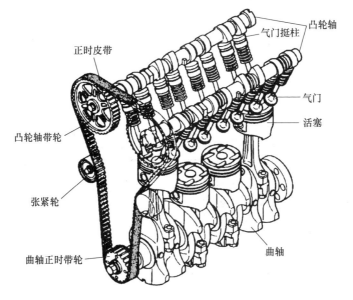

图 2-3　配气机构构造

汽油燃料供给系统又分为化油器式和燃油直接喷射式两种，目前通常所用的燃油直接喷射式燃料供给系统由燃油箱、汽油泵、汽油滤清器、喷油器、油压调节器、空气滤清器、进排气歧管和排气消声器以及尾气后处理装置等组成，其作用是向气缸内供给已配好的可燃混合气，并控制进入气缸内可燃混合气数量，以调节发动机输出的功率和转速，最后，将燃烧后的废气排出气

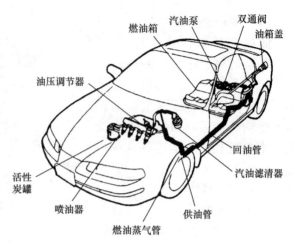

图 2-4　燃料供给系统布置图

缸。燃料供给系统布置图如图 2-4 所示。

柴油机燃料供给系统由燃油箱、油泵、高压油轨、喷油器、柴油滤清器、进排气管和排气消声器以及尾气后处理装置等组成，其作用是向气缸内供给纯空气并在规定时刻向缸内喷入定量柴油，以调节发动机输出功率和转速，最后，将燃烧后的废气排出气缸。

（4）冷却系统

机动车一般采用水冷式冷却系统。水冷式冷却系统由水泵、散热器、风扇、节温器和水套（在机体内）等组成，其作用是利用冷却液的循环将高温零件的热量通过散热器散发到大气中，从而维持发动机的正常工作温度。冷却系统的构造如图 2-5 所示。

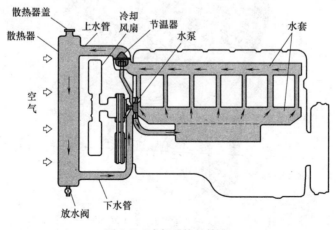

图 2-5　冷却系统的构造

（5）润滑系统

润滑系统由机油泵、滤清器、油道和油底壳等组成。其作用是将润滑油分送至各个相对运动零件的摩擦面，以减小摩擦力，减缓机件磨损，并清洗、冷却摩擦表面。润滑系统构造如图 2-6 所示。

（6）点火系统

汽油机点火系统由电源（蓄电池和发电机）、点火线圈、分电器和火花塞等组成，其作用是按规定时刻及时点燃气缸内被压缩的可燃混合气。点火系统的构成如图 2-7 所示。

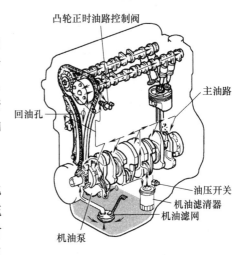

图 2-6 润滑系统构造

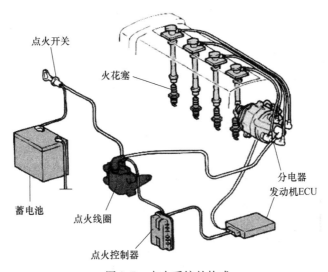

图 2-7 点火系统的构成

（7）起动系统

起动系统由起动机和起动继电器等组成，用以使静止的发动机起动并转入自行运转状态。起动系统的构成如图 2-8 所示。

2. 往复活塞式内燃机的基本术语（图 2-9）

（1）工作循环

在发动机气缸内，每完成一次将燃料燃烧产生的热能转化为机械能的一系列连续过程，称为发动机的一个工作循环。往复活塞式内燃机的工作循环是由进气、压缩、做功和排气四个工作过程组成的封闭过程。周而复始地进行这些

过程，内燃机才能持续工作、做功。

（2）上、下止点

活塞顶离曲轴回转中心最远处为上止点，活塞顶离曲轴回转中心最近处为下止点。活塞只能在上、下止点之间进行往复运动。

（3）冲程

活塞由一个止点到另一个止点运动一次的过程叫作冲程。

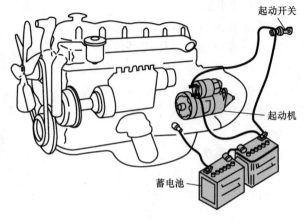

图 2-8　起动系统的构成

（4）活塞行程（S）

活塞在上、下止点间的运行距离称为活塞行程。

（5）曲柄半径（R）

曲轴上连杆轴颈轴线与曲轴主轴颈轴线（曲轴回转中心）之间的距离称为曲柄半径。显然，曲轴每回转一周，活塞移动两个活塞行程。对于气缸中心线通过曲轴回转中心的内燃机，其 $S=2R$。

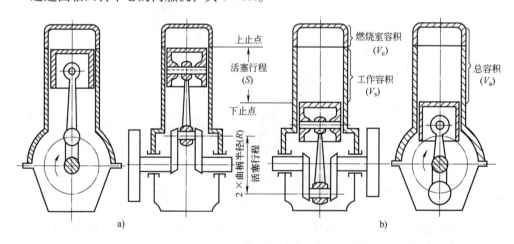

图 2-9　往复活塞式内燃机的基本术语

a）活塞在上止点位置　b）活塞在下止点位置

（6）气缸工作容积（V_s）

气缸工作容积是指活塞从一个止点运动到另一个止点所扫过的气缸容积。由于气缸是圆柱体，即

$$V_s = \frac{\pi D^2}{4 \times 10^6} S \qquad (2\text{-}1)$$

式中　D——气缸直径（mm）；

　　　S——活塞行程（mm）。

（7）发动机排量（V_L）

目前，绝大多数车用发动机均为多缸机。发动机所有气缸工作容积的总和称为内燃机排量。

$$V_L = iV_s \qquad (2\text{-}2)$$

式中　i——气缸数。

（8）燃烧室容积（V_c）

活塞位于上止点，活塞顶部与气缸盖之间的空间叫作燃烧室，它的容积称为燃烧室容积。

（9）气缸总容积（V_a）

气缸工作容积与燃烧室容积之和为气缸总容积。

$$V_a = V_s + V_c \qquad (2\text{-}3)$$

（10）压缩比（ε）

气缸总容积与燃烧室容积之比叫作压缩比。

$$\varepsilon = \frac{V_a}{V_c} = 1 + \frac{V_s}{V_c} \qquad (2\text{-}4)$$

压缩比的大小表示活塞由下止点运动到上止点时，气缸内的气体被压缩的程度。压缩比越大，压缩终了时气缸内气体温度和压力就越高。

（11）工况

发动机在某一时刻的运行状况简称为工况，以该时刻发动机输出的有效功率和曲轴转速表示。

（12）负荷率

发动机在某一转速下发出的有效功率与相同转速下应该能发出的最大有效功率的比值称为负荷率，简称为负荷。

（13）过量空气系数

燃烧 1kg 燃料实际供给的空气质量与完全燃烧 1kg 燃料的化学计量空气质量之比称为过量空气系数，记作 λ，即

$$\lambda = \frac{\text{燃烧 1kg 燃料实际供给的空气质量}}{\text{完全燃烧 1kg 燃料的化学计量空气质量}} \qquad (2\text{-}5)$$

$\lambda = 1$ 时的可燃混合气称为理论混合气，$\lambda < 1$ 时的可燃混合气称为浓混合气，$\lambda > 1$ 时的可燃混合气称为稀混合气。

（14）空燃比

可燃混合气中空气质量与燃油质量之比为空燃比，记作 α，即

$$\alpha = \frac{\text{空气质量}}{\text{燃油质量}} \tag{2-6}$$

按照化学反应方程式的当量关系，可求出 1kg 汽油完全燃烧所需空气质量（即化学计量空气质量）约为 14.8kg。显然 $\alpha = 14.8$ 时的可燃混合气称为理论混合气，$\alpha < 14.8$ 时的可燃混合气称为浓混合气，$\alpha > 14.8$ 时的可燃混合气称为稀混合气。空燃比 $\alpha = 14.8$ 称为理论空燃比或化学计量空燃比。

3. 往复活塞式内燃机的工作原理

发动机完成一个工作循环，需要经过进气、压缩、做功和排气四个过程。如果在一个活塞行程中只完成一个过程，即曲轴旋转两圈，活塞往复四次，完成一个工作循环，则该发动机为四冲程发动机。同为四冲程的汽油机与柴油机，由于燃料的理化特性不同，其工作原理也不相同。

（1）四冲程点燃式发动机工作原理

1）进气行程。曲轴带动活塞从上止点向下止点运动，此时，进气门开启，排气门关闭。活塞移动过程中，气缸内容积逐渐增大，气缸内形成一定的真空度。燃料通过喷油器被喷射到进气道内（燃油喷射式）或从化油器内被吸入进气道（化油器式），并在进气道内与空气混合，当进气门打开时，混合气通过进气门被吸入气缸，并在气缸内进一步混合形成可燃混合气，直至活塞到达下止点后，进气门关闭时结束。

由于进气系统存在进气阻力，进气终了时气缸内气体的压力低于大气压力，约为 0.074 ~ 0.093MPa。由于气门、气缸壁和活塞等高温件及上一循环留下的高温残余废气对混合气的加热，混合气的温度会升高到 320 ~ 380K，甚至更高的温度。

2）压缩行程。进气行程结束后，活塞在曲轴的带动下，从下止点向上止点运动。此时进、排气门均关闭，气缸内容积逐渐减小，气缸内的可燃混合气被压缩，导致其温度和压力不断升高，混合气进一步混合均匀。当活塞到达上止点附近时，压缩过程结束，气缸内的压力约为 0.8 ~ 1.5MPa，温度约为 600 ~ 750K。

压缩行程有利于混合气的迅速燃烧并可提高发动机的有效热效率。一般压缩比 $\varepsilon = 7 \sim 10$，压缩比过高会导致压缩终了时缸内温度和压力太高，超过燃料的自燃温度发生爆燃。

3）做功行程。在活塞接近上止点、压缩行程将要结束时，进、排气门仍然关闭，安装在气缸盖上的火花塞产生电火花，将气缸内的可燃混合气点燃。点燃后的火焰迅速传遍整个燃烧室，同时放出大量的热能。燃烧使气体的体积急剧膨胀，温度、压力迅速升高。在气体压力的作用下，活塞从上止点被推向下

止点，并通过连杆使曲轴旋转做功。

在做功过程中，气缸内气体压力、温度急剧变化，瞬间最大压力可达 3.0 ~ 6.5MPa，瞬时最高温度可达 2200 ~ 2800K。随着活塞向下止点移动，气缸容积不断增大，气体压力和温度逐渐降低。在做功行程结束时，压力约为 0.35 ~ 0.5MPa，温度约为 1200 ~ 1500K。

4）排气行程。在做功行程接近终了时，排气门打开，进气门关闭，曲轴在惯性的作用下继续旋转，并通过连杆推动活塞从下止点向上止点运动。此时，膨胀后的燃烧气体（或称为废气）在自身剩余压力和在活塞的推动下，经排气门被排出气缸，至活塞到达上止点时，排气门关闭，排气结束。

当排气行程终了时，燃烧室内尚残留少量废气。因排气系统存在排气阻力，气缸内残余废气的压力略高于大气压力，约为 0.105 ~ 0.12MPa，温度约为 900 ~ 1100K。

至此，四冲程汽油机经过进气、压缩、做功和排气四个行程而完成一个工作循环。这期间活塞在上、下止点间往复运动四个行程，曲轴旋转两周，即每个行程有 180°曲轴转角。

但在实际进气行程中，进气门会早于上止点开启，迟于下止点关闭。在排气行程中，排气门也会早于下止点开启，迟于上止点关闭，即进、排气过程所占的曲轴转角均超过 180°。点燃式四冲程发动机工作原理图如图 2-10 所示。

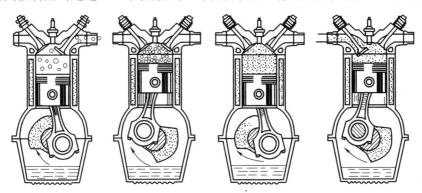

图 2-10 点燃式四冲程发动机工作原理图

（2）四冲程压燃式发动机工作原理

由于以柴油为代表的压燃式发动机燃料，碳原子较多，分子较大，分子链较长，因此沸点较高，不容易汽化蒸发，主要以液态形式，通过加热超过燃料自燃温度而燃烧。而以汽油、CNG 为代表的点燃式发动机燃料，碳原子较少，分子较小，容易汽化蒸发。在气态下，与空气混合充分，容易被点燃。因此，四冲程压燃式发动机的可燃混合气的形成和着火方式与点燃式发动机有很大区别。

1）进气行程。在进气行程中，压燃式发动机进入气缸的不是可燃混合气，而是纯空气。

由于压燃式发动机进气系统阻力较小，残余废气温度较低，因此进气行程结束时气缸内的气体压力较高，约为 0.085 ~ 0.095MPa，温度较低，约为310 ~ 340K。

2）压缩行程。压缩行程中将进入气缸的纯空气被压缩，由于空气不可能被压燃，因此压燃式发动机的压缩比较大，约为 15 ~ 22，压缩终了时气缸内气体的温度和压力都比点燃式发动机高，压力可达 3 ~ 5MPa，温度可达 750 ~ 1000K。

3）做功行程。在压缩行程终了时，燃料经高压通过喷油器呈雾状被喷入气缸内的高温高压空气中，细微的油滴在炽热的空气中迅速汽化，并借助空气的运动与之形成可燃混合气。由于气缸内的温度远高于燃料的自燃温度（柴油自燃温度约为500K），在可燃混合气形成的同时燃料便立即自行着火燃烧，且此后一段时间内边喷射边燃烧，气缸内燃烧气体的压力和温度急剧升高，体积急剧膨胀。在气体压力的推动下，活塞下行推动连杆、曲轴旋转做功。

在做功行程中，燃烧气体瞬时最大压力可达 6 ~ 9MPa，瞬时最高温度可达 1800 ~ 2200K。当做功行程结束时，压力约为 0.2 ~ 0.5MPa，温度约为1000 ~ 1200K。

4）排气行程。此行程与点燃式发动机基本相同，排气终了时气缸内残余废气的压力约为 0.105 ~ 0.12MPa，温度约为 700 ~ 900K。

由上述四冲程点燃式和压燃式发动机的工作循环可知，两种发动机工作循环的基本内容相似。四个行程中只有做功行程产生动力，其他三个行程是为做功行程做准备工作的辅助行程，都要消耗一部分能量。发动机起动时的第一个循环，必须有外力将曲轴转动，以完成进气和压缩行程。当做功行程开始后，做功能量便通过曲轴储存在飞轮内，以维持以后的循环得以继续进行。

4. 往复活塞式内燃机的性能指标

发动机的性能指标是用来表征发动机的性能特点，并作为评价各类发动机性能优劣的依据。主要包括动力性指标、经济性指标和环境指标等。

(1) 动力性指标

动力性指标是表征发动机做功能力大小的指标，一般用发动机的有效转矩、有效功率和转速等作为评价发动机动力性好坏的指标。

1）有效转矩 T_e。发动机对外输出的转矩称为有效转矩，单位为 N·m（牛顿米）。

2）有效功率 P_e。发动机在单位时间对外输出的有效功称为有效功率，单位为 kW（千瓦）。

3）转速 n。发动机曲轴每分钟转动的圈数称为发动机转速，单位为 r/min

（转每分钟）。

发动机转速的高低，关系到单位时间内做功次数的多少或发动机有效功率的大小，即发动机的有效功率随转速的不同而改变。在同一转速下，有效转矩、有效功率、转速存在如下关系：

$$P_e = T_e \frac{2\pi n}{60} \times 10^{-3} = \frac{T_e n}{9550} \tag{2-7}$$

在发动机铭牌或车辆铭牌上规定的有效功率及其相应转速称为标定功率和标定转速。标定功率不是发动机所能发出的最大功率，它是根据发动机用途而制定的有效功率最大使用限度。同一种型号的发动机，当其用途不同时，其标定功率值并不一定相同。

有效转矩也随发动机工况的变化而变化。因此，车用发动机以其所能输出的最大转矩及其相应转速作为评价发动机动力性的一个指标。

（2）环境指标

环境指标用于评价发动机排气品质和噪声水平。尾气排放指标主要包括一氧化碳（CO）、碳氢化合物（HC）、氮氧化合物（NO$_x$）以及除水以外的任何液体或固体颗粒物（PM）等。

第三节 汽车传动系统及驱动方式

一、汽车传动系统的组成和功能

汽车传动系统的基本功用是将发动机发出的动力传给驱动车轮。汽车传动系统图如图 2-11 所示。

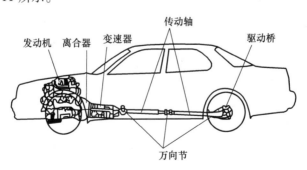

发动机 离合器 变速器 传动轴 驱动桥

万向节

图 2-11 汽车传动系统图

1. 汽车传动系统的基本组成

现代汽车普遍采用的是活塞式内燃机，与之相配用的传动系统大多数是采用机械式或液力机械式。普通双轴货车或部分轿车的发动机纵向布置在汽车的前

部，并且以后轮为驱动轮，其传动系统的组成及传动路线是：发动机发出的动力依次经过离合器、变速器、传动轴，最后由驱动桥驱动车轮。

随着电子技术的发展，为了减小驾驶人的操作强度，现代汽车多采用电子控制、液力或电力机构执行的自动变速器。与之对应的离合器也换为液力变矩器。但是，动力传递路线仍然与经典汽车一致。

2. 汽车传动系统的功能

传动系统的首要任务是与发动机协同工作，以保证汽车能在不同使用条件下正常行驶，并具有良好的动力性和燃油经济性。为此，任何形式的传动系统都必须具有如下功能：

（1）实现汽车减速增矩

只有当作用在驱动轮上的驱动力足以克服外界对汽车的阻力时，汽车方能起步和正常行驶。由试验得知，即使汽车在平直的沥青路面上以低速匀速行驶，也需要克服数值约相当于 1.5% 汽车总重力的滚动阻力。例如，东风 EQ1090E 型汽车：其满载总质量为 9290kg（总重力为 91042N），则最小滚动阻力约为 1367N。若要求它在满载时能在坡度为 30% 的道路上匀速上坡行驶，则所要克服的上坡阻力达 2734N，而该车所采用的 6100Q-I 型发动机所能产生的最大转矩为 353N·m（1200~1400r/min 时）。假设将这一转矩直接如数传给驱动轮，则驱动轮可能得到的驱动力仅为 784N。显然，在此情况下，汽车不仅不能爬坡，即使在平直的良好路面上也不可能起步和行驶。

另一方面，6100Q-I 型发动机在发出最大功率 99.3kW 时的曲轴转速为 3000r/min。假如将发动机与驱动轮直接连接，则对应这一曲轴转速的汽车速度将达 510km/h。这样高的车速既不实用，也不可能实现（因为相应的驱动力太小，汽车根本无法起步）。

为解决上述矛盾，必须使传动系统具有减速增矩作用，亦即使驱动轮的转速降低为发动机转速的若干分之一，相应地驱动轮所得到的转矩则增大到发动机转矩的若干倍。在机械式传动系统中，若不计摩擦，则驱动轮转矩与发动机转矩之比等于发动机转速与驱动轮转速之比。该比值称为传动系统的传动比，以符号 i 表示。这一功能一般由主减速器（传动比以 i_0 表示）来实现。

（2）实现汽车变速

汽车的使用条件，诸如汽车的实际装载质量、道路坡度、路面状况，以及道路宽度和曲率、交通情况所允许的车速等，都在很大范围内不断变化。这就要求汽车牵引力和速度也有相当大的变化范围。另一方面，就活塞式内燃机而言，在其整个转速范围内，转矩的变化不大，而功率及燃油消耗率的变化却很大，因而保证发动机功率较大而燃油消耗率较低的曲轴转速范围，即有利转速范围是很窄的。为了使发动机能保持在有利转速范围内工作，而汽车牵引力和

速度又能在足够大的范围内变化，应当使传动系统传动比能在最大值与最小值之间变化，即传动系统应具有变速功能。该功能由变速器（传动比以 i_g 表示）来实现。

因为在传动系统中变速器与主减速器是串联的，则整个传动系统传动比便等于 i_g 与 i_0 的乘积（$i = i_g i_0$）。一般汽车变速器的直接档为变速器传动比的最小值（$i_g = 1$），则整个传动系统的最小传动比 $i_{min} = i_0$，即等于主减速器的传动比。

传动系统传动比的最小值 i_{min} 应保证汽车能在平直良好的路面上克服滚动阻力和空气阻力，并以相应的最高速度行驶。轿车和轻型货车的 i_{min} 一般为 3～6，中、重型货车的 i_{min} 一般为 6～15。

当要求驱动力足以克服最大行驶阻力，或要求汽车具有某一最低稳定速度时，传动系统传动比就应取最大值 i_{max}。i_{max} 在轿车上为 12～18，在轻、中型货车上为 35～50。

若传动比在一定范围内的变化是连续的和渐进的，则称为无级变速。无级变速可以保证发动机保持在最有利工况下工作，因而有利于提高汽车的动力性和燃油经济性。但对机械式传动系统而言，实现无级变速有一定难度。因此机械式传动系统多数是有级变速，即传动比档数是有限的。一般轿车和轻、中型货车的传动比有 3～5 档，越野汽车和重型货车的传动比可多达 8～20 档。

有些汽车在变速器与主减速器之间还加设一个辅助变速机构——副变速器，必要时还将主减速器也设计成多档的，借以增加传动系统传动比档数。

（3）实现汽车倒车

汽车在某些情况下（如进入停车场或车库，在窄路上掉头时），需要倒向行驶。然而，内燃机是不能反向旋转的，故与内燃机共同工作的传动系统必须保证在发动机旋转方向不变的情况下，能使驱动轮反向旋转。一般结构措施是在变速器内加设倒档（具有中间齿轮的减速齿轮副）。

（4）必要时中断传动系统的动力传递

内燃机只能在无负荷情况下起动，而且起动后的转速必须保持在最低稳定转速以上，否则可能熄火。所以在汽车起步之前，必须将发动机与驱动轮之间的动力传动路线切断，以便起动发动机。发动机进入正常急速运转后，再逐渐恢复传动系统的传动能力，亦即从零开始逐渐对发动机曲轴加载，同时加大油门开度，以保证发动机不致熄火，使汽车能平稳起步。此外，在变换传动系统变速器档位（换档）以及对汽车进行制动之前，也都有必要暂时中断动力传递。为此，在发动机与变速器之间，可装设一个依靠摩擦来传动，且其主动和从动部分可在驾驶人操纵下彻底分离，随后再柔和接合的机构——离合器。

在汽车长时间停驻时，以及在发动机不停止运转情况下，使汽车暂时停驻，

或在汽车获得相当高的车速后，要停止对汽车供给动力，使之靠自身惯性进行长距离滑行时，传动系统应能长时间保持在中断动力传递状态。为此，变速器应设有空档，即所有各档齿轮都能保持在脱离传动位置的档位。

（5）应使车轮具有差速功能

当汽车转弯行驶时，左右车轮在同一时间内滚过的距离不同，如果两侧驱动轮仅用一根刚性轴驱动，则二者角速度必然相同，因而在汽车转弯时必然产生车轮相对于地面滑动的现象。这将使转向困难，汽车的动力消耗增加，传动系统内某些零件和轮胎加速磨损。所以，驱动桥内装有差速器，使左右两驱动轮能以不同的角速度旋转。动力由主减速器先传到差速器，再由差速器分配给左右两半轴，最后传到两侧的驱动轮。

此外，由于发动机、离合器和变速器都固定在车架上，而驱动桥和驱动轮一般是通过弹性悬架与车架相联系的。因此在汽车行驶过程中，变速器与驱动轮二者经常有相对运动。在此情况下，二者之间不能用简单的整体传动轴传动，而应采用万向节和传动轴组成的万向传动装置。

二、汽车传动系统的布置

汽车传动系统的布置方案与汽车总体布置方案是相适应的，可归纳为以下几种：

1. 发动机前置后轮驱动（FR）方案

发动机前置后轮驱动方案是 4×2 型汽车的传统布置方案，主要应用于轻、中型载货汽车上，在部分轿车和客车上也有采用。该方案的优点是，结构简单，工作可靠，前后轮的质量分配比较理想；其缺点是，需要一根较长的传动轴，这不仅增加了车重，而且也影响了传动系统的效率。前置后驱系统的组成及布置如图 2-12 所示。

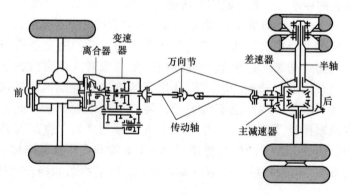

图 2-12　前置后驱系统的组成及布置

2. 发动机前置前轮驱动（FF）方案

发动机、离合器与主减速器、差速器等装配成十分紧凑的整体，布置在汽车的前面，前轮为驱动轮，这样在变速器和驱动桥之间就省去了万向节和传动轴。发动机可以纵置或横置，在发动机横置（发动机曲轴轴线垂直于车身轴线）时，由于变速器轴线与驱动桥轴线平行，主减速器可以采用结构和加工都较简单的圆柱齿轮副。发动机纵置时，则大多数需采用螺旋锥齿轮副。发动机前置前轮驱动方案由于前轮是驱动轮，有助于提高汽车高速行驶时的操纵稳定性，而且因整个传动系统集中在汽车前部，使其操纵机构简化。这种布置方案目前已广泛地应用于微型和中级轿车上，在中高级和高级轿车上的应用也日渐增多。前置前驱系统的组成及布置如图 2-13 所示。

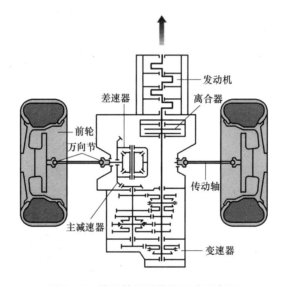

图 2-13　前置前驱系统的组成及布置

3. 发动机后置后轮驱动（RR）方案

发动机后置后轮驱动方案，发动机、离合器和变速器都横置于驱动桥之后，驱动桥采用非独立悬架。主减速器与变速器之间距离较大，其相对位置经常变化。由于这些原因，有必要设置万向传动装置和角传动装置。大型客车采用这种布置方案更容易做到汽车总质量在前后车轴之间的合理分配，而且具有车厢内噪声低，空间利用率高等优点，因此它是大、中型客车盛行的方案。但是由于发动机在汽车后部，发动机冷却条件差，发动机、离合器和变速器的操纵机构都较复杂。少数轿车和微型汽车也有采用这种方案的。后置后驱系统的组成及布置如图 2-14 所示。

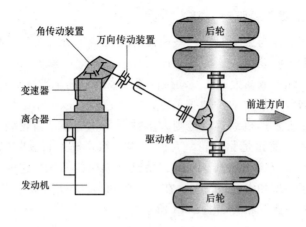

图 2-14 后置后驱系统的组成及布置

4. 发动机中置后轮驱动（MR）方案

这种传动系统的布置方案有利于实现前后轮较为理想的质量分配，是赛车普遍采用的方案。部分大、中型客车也有采用此种布置方案的。它的优缺点介于发动机前置前轮驱动和发动机后置后轮驱动方案之间。中置后驱系统的布置如图 2-15 所示。

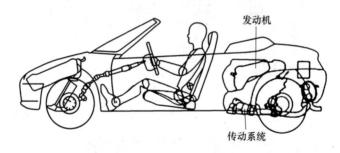

图 2-15 中置后驱系统的布置

5. 全轮驱动（nWD）方案

nWD 是 n Wheel Drive 的缩写（n 代表驱动轮数），表示传动系统为全轮驱动方案。对于要求能在坏路或无路地区行驶的越野汽车，为了充分利用所有车轮与地面之间的附着条件，以获得尽可能大的驱动力，总是将全部车轮都作为驱动轮，故传动系统采用 nWD 方案。针对目前大多数的家用轿车来讲，一般均为前后两个桥、四个车轮，因此全轮驱动也记为 4WD 或 4×4。全轮驱动系统的组成及布置如图 2-16 所示。

全轮驱动方案前后桥都是驱动桥。一些全轮驱动车辆为了适应良好道路或

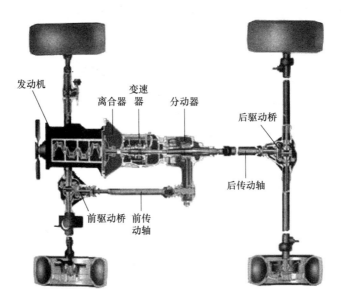

图 2-16 全轮驱动系统的组成及布置

较差道路,将变速器输出的动力按需要分配给前后两驱动桥,在变速器与两驱动桥之间设置有分动器,可根据需要接通或断开前驱动桥。按照前后桥驱动转换方式的不同,目前全轮驱动车辆又分为分时四驱、适时四驱和全时四驱三种类型。

(1)分时四驱

分时四驱是一种驾驶人可以在两驱和四驱之间手动选择的四轮驱动系统,由驾驶人根据路面情况,通过接通或断开分动器来实现两轮驱动或四轮驱动模式,这也是越野车或四驱 SUV 最常见的驱动模式。一般车内会特别设计分动装置,有些是分动器的档杆,有些是电子的按钮或旋钮,通过操纵档杆或按钮完成驱动切换。

分时四驱的优点是结构简单、稳定性高、坚固耐用;缺点是必须手动停车操作,没有中央差速器,所以不能在硬地面(铺装路面)上使用四驱系统,特别是在弯道上不能顺利转弯。

(2)适时四驱

适时四驱是指只有在适当的时候才会用四轮驱动,而在其他情况下仍然是两轮驱动。驱动轮的切换是由车用 ECU 根据路况的不同自动完成的,有别于需要手动停车切换两驱和四驱的分时四驱,以及所有工况下都是四轮驱动的全时四驱。大多数都在车内设计了单独的按钮,而有些为自动感应式的联通四驱状态,车内无按钮。

适时四驱的优点是结构较简单，更适合于前横置发动机前驱平台的车型配备，特别是发动机排量较小的 SUV。缺点是在前后轴传递动力时，会受制于结构本身的缺陷，无法将超过 50% 以上的动力传递给后轴，这使它在主动安全控制方面，没有全时四驱的调整范围那么大；同时相比分时四驱，它在应对恶劣路面时，四驱的物理结构极限偏低。

(3) 全时四驱

全时四驱就是汽车在行驶过程中，所有车轮均独立运动。全时全轮驱动车辆会比两驱车型（2WD）拥有更优异与安全的驾驶基础，尤其是碰到极限路况或是激烈驾驶时。理论上，全轮驱动会比两驱车型拥有更好的牵引力，车子的行驶是依据它持续平稳的牵引力，而牵引力的稳定性主要由车子的驱动方法来决定，将发动机动力输出经传动系统分配到四个轮胎与分配到两个轮胎上做比较，其结果是全轮驱动的可控性、通过性以及稳定性均会得到提升，即无论车辆行驶在何种天气以及何种路面（湿地、崎岖山路、弯路上）时，驾驶人都能够更好地控制每一个行迹动作，从而保证驾驶人和乘客的安全。而在驾驶时，全时四驱的转向风格也很有特点，最明显的就是它会比两驱车型转向更加中性，通常它可以更好地避免前驱车的转向不足和后驱车的转向过度，这也是驾驶安全性以及稳定性的特点之一。

第三章
机动车排气污染物生成机理
及其控制、检测

在汽车诞生的 100 多年里，虽然其在制造工艺等方面取得了巨大的进步，但作为动力装置的发动机技术却没有发生根本性的变化。目前，以汽油机、柴油机为代表的内燃机仍是各种道路机动车发动机的主流技术。

内燃机用碳氢化合物燃料在燃烧室内完全燃烧时，如果不考虑燃料中的微量杂质，将只产生 CO_2 和水蒸气。内燃机排出的水分不会对地球水循环造成重大影响；至于 CO_2，过去人们并不认为它是一种污染物，但因为含碳化石燃料的大量使用，使地球的碳循环失衡，大气中 CO_2 的体积分数已从工业时代开始的 2.8×10^{-4} 增加到现在的 3.6×10^{-4} 左右，加剧了"温室效应"，从而引起了全人类的关注。

实际上，燃料在内燃机内不可能完全燃烧。这是因为内燃机一般转速很高，燃料燃烧过程占用的时间极短，燃料与助燃的空气不可能完全均匀混合，燃料的氧化反应不可能完全进行。因此排气中会出现不完全燃烧产物，如 CO 和未完全燃烧甚至完全未燃烧的碳氢化合物（HC）。对于点燃式内燃机，为了提高其全负荷转矩，不得不使用过量空气系数小于 1 的浓混合气，导致 CO 的排放量剧增；当内燃机冷起动时，燃料蒸发得不好，很大一部分燃料未经燃烧即被排出，导致了 HC 排放量的剧增。内燃机最高燃烧温度往往可达 2000℃ 以上，使空气中的氮在高温下氧化生成各种氮氧化物（NO_x），内燃机排放的氮氧化物绝大部分是 NO，少量是 NO_2，一般用 NO_x 表示。

在压缩式内燃机中，可燃混合气是在燃烧前和燃烧中的极短时间内形成的，其混合不均匀程度比点燃式内燃机更严重。缺氧的燃料在高温高压环境下会发生裂解、脱氢，最后生成碳烟粒子。这些碳烟粒子在降温过程中会吸附各种未

燃烧或不完全燃烧的重质 HC 和其他凝聚相物质，进而构成压燃式内燃机的重要污染物——颗粒物（PM）。

通常，汽车排放的污染物以及与交通源相关的主要污染物有 CO、NO_x、HC 和颗粒物等。

一、一氧化碳（CO）

CO 是一种无色无味、窒息性的有毒气体。由于其和血液中有输氧能力的血红蛋白（Hb）的亲和能力比 O_2 与血红蛋白的亲和能力大 200 ~ 300 倍，因而，CO 能很快地与血红蛋白结合形成碳氧血红蛋白（HbCO），使血液的输氧能力大大降低。高浓度的 CO 能够引起人体生理和病理上的变化，使心脏、大脑等重要器官严重缺氧，引起头晕、恶心和头痛等症状。当空气中 CO 的体积分数超过 0.1% 时，就会导致头痛、心慌等中毒病状；当超过 0.3% 时，则可在 30min 内致人死亡。不同体积分数的 CO 对人体健康的影响见表 3-1。

表 3-1　不同体积分数的 CO 对人体健康的影响

[CO]($\times 10^{-6}$vol)	对人体健康的影响	[CO]($\times 10^{-6}$vol)	对人体健康的影响
5 ~ 10	对呼吸道患者有影响	120	1h 接触，中毒，血液中 HbCO 的含量 >10%
30	滞留 8h，视力及神经系统出现障碍，血液中 HbCO 的含量达到 5%	250	2h 接触，头痛，血液中 HbCO 的含量达到 40%
		500	2h 接触，剧烈心痛、眼花、虚脱
40	滞留 8h，出现气喘	3000	30min 即死亡

二、碳氢化合物（HC）

HC 包括碳氢燃料及其不完全燃烧产物、润滑油及其裂解和部分氧化产物，如烷烃、烯烃、环烷烃、芳香烃、醛、酮和有机酸等多种复杂成分。烷烃基本上无味，它在空气中可能存在的含量对人体健康不产生直接影响。烯烃略带甜味，有麻醉作用，对黏膜有刺激，经代谢转化会变成对基因有毒的环氧衍生物；烯烃有很强的光化学活性，与 NO_x 一起在日光中紫外线的作用下将形成具有很强毒性的"光化学烟雾"。芳香烃有芳香味，同时有危险的毒性，例如，苯在浓度较高时可能引起白血病，有损肝脏和中枢神经系统的作用；多环芳烃（PAH）及其衍生物有致癌作用。醛类是刺激性物质，其毒性随分子质量的减小而增大，且因出现双键而增强。来自内燃机排气的醛类主要是甲醛（HCHO）、乙醛（CH_3CHO）和丙烯醛（CH_2＝CHCHO），它们会刺激眼结膜、呼吸道，并对血液有毒害。在工作环境中连续暴露的最大允许体积分数

分别为：HCHO 是 2×10^{-6}，CH_3CHO、$CH_2 = CHCHO$ 是 0.1×10^{-6}。

三、氮氧化物（NO_x）

NO_x 主要是指 NO 及 NO_2。汽车尾气中 NO_x 的排放量取决于气缸内的燃烧温度、燃烧时间和空燃比等因素。燃烧过程中排放的 NO_x 可能有 95% 以上是 NO，NO_2 只占少量。NO 是无色无味的气体，只有轻度刺激性，毒性不大，高浓度时会造成中枢神经的轻度障碍，NO 可被氧化成 NO_2。NO_2 是一种红棕色的气体，对眼、鼻、呼吸道及肺部有强烈的刺激作用，对人体的危害很大。NO_2 与血液中血红蛋白的结合能力比 CO 还强，因而对血液输氧能力的阻碍作用远高于 CO，NO_2 进入人体后和血液中的血红蛋白结合，使血液的输氧能力下降，会损害心脏、肝和肾等器官。NO_x 在大气中反应生成硝酸，成为酸雨的主要来源之一。同时，HC 和 NO_x 在大气环境中受强烈的太阳光紫外线照射后，会生成新的污染物——光化学烟雾。不同体积分数的 NO_x 对人体健康的影响见表3-2。

表3-2　不同体积分数的 NO_x 对人体健康的影响

[NO_2]（$\times 10^{-6}$vol）	对人体健康的影响	[NO_2]（$\times 10^{-6}$vol）	对人体健康的影响
1	闻到臭味	50	1min 内人呼吸困难
5	闻到强烈臭味	80	3min，感到胸闷、恶心
10～15	10min，眼、鼻、呼吸道受到刺激	150	30～60min 内因肺水肿而死亡
		250	很快死亡

四、光化学烟雾（PS）

光化学烟雾是排入大气的 NO_x 和 HC 受太阳光中紫外线的作用而产生的一种具有刺激性的浅蓝色烟雾。它具有强氧化性，能使橡胶开裂，刺激人的眼睛，伤害植物的叶子，并使大气能见度降低。它包含臭氧（O_3）、醛类、硝酸酯类（PAN）等多种复杂化合物。这些化合物都是光化学反应生成的二次污染物。当遇到不利于扩散的气象条件时，烟雾会积聚不散，从而造成大气污染事件。

在光化学反应中，臭氧（O_3）的质量分数约占 85% 以上。日光辐射强度大是形成光化学烟雾的重要条件，因此，每年的夏季是光化学烟雾的高发季节；在一天中，下午 2 时前后是光化学烟雾达到峰值的时刻。在汽车排气污染严重的城市，大气中臭氧浓度的增高，可视为光化学烟雾形成的信号。

光化学烟雾对人体最突出的危害是刺激眼睛和上呼吸道黏膜，引起眼睛红肿和喉炎。当大气中臭氧的质量浓度达到 $200 \sim 1000\mu g/m^3$ 时，会引起哮喘发作，导致上呼吸道疾病恶化，同时也刺激眼睛，使视觉敏感度和视力下降；当其质量浓度为 $400 \sim 1600\mu g/m^3$ 时，人体只要接触 2h 就会出现气管刺激症状，

引起胸骨下疼痛和肺通透性降低，使机体缺氧；其质量浓度再升高，就会出现头痛，并使肺部气道变窄，出现肺气肿。若接触时间过长，还会损害中枢神经，导致思维紊乱或引起肺水肿等。

光化学烟雾还会使大气的能见度降低，使视程缩短。这主要是由于污染物质在大气中形成的光化学烟雾气溶胶所引起的，这种气溶胶颗粒物的大小一般为 $0.3 \sim 1.0 \mu m$。由于这样大小的颗粒物不易因重力的作用而沉降，能较长时间地悬浮于空气中，长距离地迁移，而且与人视觉能力可及的光波波长一致，并能散射太阳光，从而明显地降低大气的能见度。因而妨碍汽车与飞机等交通工具的安全运行，导致交通事故增多。

五、颗粒物（PM）

颗粒物的主要成分是碳烟、有机物质及少量的铅化合物、硫氧化物等。颗粒物对人体健康的影响主要取决于颗粒物的含量、人体在空气中暴露的时间及粒径的大小。柴油机排气中颗粒物的含量比汽油机高 $30 \sim 60$ 倍，因而一般说到颗粒物都是指柴油机颗粒物。

碳烟是柴油发动机燃料燃烧不完全的产物，主要是指直径为 $0.1 \sim 10 \mu m$ 的多孔性碳粒。燃烧中各种各样的不完全燃烧产物可以以多种形式附着在多孔的、活性很强的碳粒表面，这些附着在碳粒表面的物质种类繁多，其中有些是致癌物质，并因含有少量的带有特殊臭味的乙醛，而引起人们的恶心和头晕等症状。另外，碳烟会影响道路上的能见度。

发动机废气中的铅化合物是为了改善汽油的抗爆性而加入的，它们以颗粒的形式排入大气中，是污染大气的有害物质。当人们吸入含有铅颗粒物的空气时，铅逐渐在人体内积累，当积累量达到一定程度时，铅将阻碍血液中红血球的生成，使心、肺等处发生病变，侵入大脑时则会引起头痛，甚至引发一些精神病的症状。铅还会使汽车尾气净化装置——催化转化器中的催化剂中毒，影响其使用寿命。我国早在 2000 年起就全面禁止使用含铅汽油。

汽车内燃机尾气中硫氧化物的主要成分为二氧化硫（SO_2），主要来源于石油中较重组分（柴油、重油等）的燃烧。SO_2 是一种无色、有臭味的气体，性质活泼，能引起氧化作用，也参与还原反应，并可溶于水形成亚硫酸。SO_2 对人体健康有很大的影响，它刺激人体的眼和鼻黏膜等呼吸器官，引起鼻咽炎、气管炎、支气管炎、肺炎及哮喘病、肺心病等。当汽车使用催化净化装置时，就算很少量的 SO_2 也会逐渐在催化剂表面堆积，造成所谓的催化剂中毒，不但影响催化剂的使用寿命，还会危害人体健康。SO_2 还是形成酸雨的主要成分，也是影响城市能见度的主要原因之一。

颗粒物的粒径大小是决定其对人体健康危害程度的一个重要因素。

粒径越小，越不易沉积，长期漂浮在大气中容易被人吸入体内，而且容易深入肺部。一般粒径在 $100\mu m$ 以上的颗粒物（PM_{100}）会很快在大气中沉降；$10\mu m$ 以下的颗粒物（PM_{10}）又叫作可吸入颗粒，可经呼吸道进入肺部，附着于肺泡上；$1\mu m$ 以下的颗粒物（PM_1）又叫作可入肺颗粒，可通过肺泡、血管壁进入人体器官。2013 年 2 月，全国科学技术名词审定委员会将 $2.5\mu m$ 以下的颗粒物（$PM_{2.5}$）中文名称命名为细颗粒物。

粒径越小，粉尘的比表面积越大，物理、化学活性越强。此外，颗粒物的表面可以吸附空气中的各种有害气体及其他污染物，而成为它们的载体，被吸入人体，也会对人体造成损害。

第二节　机动车尾气排放物的生成机理

一、一氧化碳（CO）的生成机理

CO 是烃燃料在燃烧过程中生成的中间产物，汽车排放污染物中 CO 的产生是燃油在气缸中燃烧不充分所致。根据燃烧化学反应，烃燃料完全燃烧的产物为 CO_2 和 H_2O，即

$$C_mH_n + \left(m + \frac{n}{4}\right)O_2 \longrightarrow mCO_2 + \frac{n}{2}H_2O \tag{3-1}$$

当空气量不足时，则有部分燃料不能完全燃烧，生成 CO 和 H_2，即

$$C_mH_n + \frac{m}{2}O_2 \longrightarrow mCO + \frac{n}{2}H_2 \tag{3-2}$$

换言之，当空气量不足时，燃料中的碳不能完全氧化燃烧，从而形成不完全氧化物 CO。

但是在空气量充足的情况下，汽车尾气仍然会产生部分 CO。这是因为 CO_2 和 H_2O 在高温下会离解为 CO 和 H_2，H_2 与 CO_2 也能反应，形成 CO，即

$$CO_2 \xrightarrow{\text{吸热}} CO + \frac{1}{2}O_2 \tag{3-3}$$

$$H_2O \xrightarrow{\text{吸热}} H_2 + \frac{1}{2}O_2 \tag{3-4}$$

$$CO_2 + H_2 \longrightarrow CO + H_2O \tag{3-5}$$

除上述原因外，发动机前后循环之间燃料分配不均匀；各缸之间燃料分配不均匀；在稀混合气中可能存在着局部浓混合气等，都可能在发动机燃烧过程中产生 CO。简言之，CO 的生成是"高温缺氧"造成的。

二、碳氢化合物（HC）的生成机理

内燃机排放的 HC 种类繁多，其中含量最大的是甲烷（CH_4），其他还包括

各种含氧有机化合物，如醇类、醛类、酮类、酚类、酯类及其他衍生物（尤其是当内燃机使用含氧代用燃料如甲醇汽油时，这些排放物较多）。包含有甲烷的 HC 称为总碳氢化合物（THC），不包含甲烷的 HC 称为非甲烷碳氢化合物（HC）。

对汽油机来说，非甲烷碳氢化合物（HC）一般只占 THC 排放物的百分之几；而在柴油机中，醛类就可能占 THC 的 10% 左右，而醛类中的甲醛约占 20%，因此使柴油机排气比汽油机更具刺激性。

1. 车用汽油机未燃 HC 的生成机理与后期氧化

汽油机燃烧室中 HC 的生成主要有以下几条途径：第一是多种原因造成的不完全燃烧，第二是燃烧室壁面的淬熄效应，第三是燃烧过程中的狭隙效应，第四是燃烧室壁面润滑油膜和沉积物对燃油蒸气的吸附和解吸作用。

（1）不完全燃烧（氧化）

在以预均匀混合气为燃料的汽油机中，HC 与 CO 一样，也是一种不完全燃烧（氧化）的产物。大量试验表明，碳氢燃料的氧化根据其温度、压力、混合比、燃料种类及分子结构的不同而有着不同的特点。各种烃燃料的燃烧实质是烃的一系列氧化反应，这一系列氧化反应有随着温度而拓宽的一个浓限和稀限，混合气过浓或过稀及温度过低，将可能导致燃烧不完全或失火。

发动机在冷起动和暖机工况下，由于其温度较低，混合气不够均匀，导致燃烧变慢或不稳定，火焰易熄灭；发动机在急速及高负荷工况下，可燃混合气的浓度处于过浓状态，加之急速时残余废气系数大，将造成不完全燃烧或失火；汽车在加速或减速时，会造成暂时的混合气过浓或过稀现象，也会产生不完全燃烧或失火。即使当空燃比大于 14.7 时，由于油气混合不均匀，造成局部过浓或过稀现象，也会因不完全燃烧而产生 HC 的排放。更为极端的情况是发动机的某些气缸缺火，使未燃烧的可燃混合气直接排入排气管，造成未燃 HC 的排放急剧增加，故汽油机点火系统的工作可靠性对减少未燃 HC 的排放量是至关重要的。

（2）壁面淬熄效应

在燃烧过程中，燃气温度高达 2000℃ 以上，而气缸壁面温度在 300℃ 以下，因而靠近壁面的气体受低温壁面的影响，其温度远低于燃气温度，且气体的流动性也较弱。壁面淬熄效应是指壁面对火焰的迅速冷却导致化学反应变缓，当气缸壁上薄薄的边界层内的温度降低到混合气自燃温度以下时，导致火焰熄灭，结果火焰不能一直传播到燃烧室壁面，边界层内的混合气未燃烧或未燃烧完全就直接进入排气而形成未燃 HC。此边界层称为淬熄层，当发动机正常运转时，淬熄层厚度在 0.05 ~ 0.4mm 范围内变动，在小负荷或温度较低时淬熄层较厚。

在正常运转工况下，淬熄层中的未燃 HC 在火焰前锋面掠过后，大部分会扩

散到已燃气体主流中，在缸内基本被氧化，只有极少一部分成为未燃 HC 排放。但在发动机冷起动、暖机和怠速等工况下，因燃烧室壁面的温度较低，形成的淬熄层较厚，同时已燃气体的温度较低及混合气较浓，使 HC 的后期氧化作用减弱，因此壁面淬熄是此类工况下未燃 HC 的重要来源。

（3）狭隙效应

在内燃机的燃烧室内有各种狭窄的间隙，如活塞、活塞环与气缸壁之间的间隙，火花塞中心电极与绝缘子根部周围的狭窄空间和火花塞螺纹之间的间隙，进排气门与气门座面形成的密封带狭缝，气缸盖垫片处的间隙等。当间隙小到一定程度时，若火焰不能进入便会产生未燃 HC。

在压缩过程中，缸内压力上升，未燃混合气挤入各间隙中，这些间隙的容积很小但具有很大的面容比，因此进入其中的未燃混合气通过与温度相对较低的壁面进行热交换而很快被冷却。燃烧过程中缸内压力继续上升，又有一部分未燃混合气进入各间隙。当火焰到达间隙处时，火焰有可能进入间隙，使其内的混合气得到全部或部分燃烧（当入口较大时）；但火焰也有可能因淬冷而熄灭，使间隙中的混合气不能燃烧。随着膨胀过程的开始，气缸内的压力不断下降，当缝隙中的压力高于气缸压力时，进入缝隙中的气体将逐渐流回气缸。但这时气缸内的温度已下降，氧的含量也很低，流回缸内的可燃气再被氧化的比例不大，大部分会原封不动地排出气缸。狭隙效应造成的 HC 排放可占 HC 排放总量的 50%~70%，因此狭隙效应被认为是 HC 生成的最主要来源。

（4）润滑油膜和沉积物对燃油蒸气的吸附与解吸

在发动机的进气过程中，气缸壁面的润滑油膜及沉积在燃烧室内的多孔性积炭会溶解和吸收进入气缸的可燃混合气中的 HC 蒸气，直至达到其环境压力下的饱和状态。这一溶解和吸收过程在压缩和燃烧过程中的较高压力下继续进行。在燃烧过程中，当燃烧室燃气中的 HC 浓度由于燃烧而下降至很低时，油膜或沉积物中的燃油蒸气开始逐步脱附释放出来，向已燃气体解吸，此过程将持续到膨胀和排气过程。一部分解吸的燃油蒸气与高温的燃烧产物混合并被氧化，其余部分与较低温度的燃气混合，因不能氧化并随已燃气体排出气缸而成为 HC 排放源。据研究，这种由油膜和积炭吸附产生的 HC 排放占总量的 35%~50%。

这种类型的 HC 排放与燃油在润滑油或沉积物中的溶解度成正比。使用不同的燃料和润滑油，对 HC 排放量的影响不同，如使用气体燃料则不会生成这种类型的 HC。润滑油温度升高，使燃油在其中的溶解度下降，于是降低了润滑油在 HC 排放中所占的比例。另外，试验表明，当发动机使用含铅汽油时，燃烧室积炭可使 HC 排放量增加 7%~20%，消除积炭后，HC 排放量明显降低。

（5）HC 的后期氧化

在内燃机燃烧过程中未燃烧的 HC，在以后的膨胀、排气过程中会不断从间

隙容积、润滑油膜、沉积物和淬熄层中释放出来，重新扩散到高温的燃烧产物中被全部或部分氧化，这一过程称为 HC 的后期氧化，其主要包括：

1）气缸内未燃 HC 的后期氧化。在排气门开启前，气缸内的燃烧温度一般超过 950℃，若此时气缸内有氧可供后期氧化，则 HC 的氧化将很容易进行。

2）排气管内未燃 HC 的氧化。排气门开启后，缸内未被氧化的 HC 将随排气一同排入排气管，并在排气管内继续氧化，其氧化条件如下：

① 排气管内有足够的氧气。

② 排气温度高于 600℃。

③ 停留时间大于 50ms。

2. 车用柴油机未燃 HC 的生成机理

柴油机与汽油机的燃烧方式和所用燃料不同：柴油机在接近压缩终了时才喷射燃油，燃油空气混合物分布不均匀；柴油机的燃料以高压喷入燃烧室后，直接在缸内形成可燃混合气并很快燃烧，燃料在气缸内停留的时间较短，因此缝隙容积内和气缸壁附近多为新鲜空气。换言之，缝隙容积和激冷层对柴油机未燃 HC 排放量的影响相对汽油机来说小得多。这也就是柴油机未燃 HC 排放浓度一般比汽油机低得多的主要原因。

总而言之，HC 的产生原理虽然较为复杂，但基本上可以归纳为燃料在空气中燃烧时，由于"遇冷未燃"而形成。

三、氮氧化物（NO_x）的生成机理

NO_x 包括 NO、NO_2、N_2O_3、N_2O、N_2O_5、N_2O_4 及 NO_3，其中对环境危害性最大的是 NO 和 NO_2。内燃机排气中的 NO_x 污染，主要是指 NO 及 NO_2 污染，其中 NO_2 的含量比 NO 低得多，大约为 5%（体积分数），所以对 NO_x 的研究主要是针对 NO。

燃烧过程中 NO 的生成有三种方式，根据产生机理的不同分别称为热力型 NO（也称为热 NO 或高温 NO）、激发 NO 及燃料 NO。在三种生成方式中，燃料 NO 的生成量极少，因而可以忽略不计；激发 NO 的生成量也较少，且反应过程尚不完全明了，也可暂不考虑。因此可以认为，高温 NO 是 NO 的主要来源。

高温 NO 的生成是在高温条件下，氧分子（O_2）裂解成氧原子 O，氧原子 O 与氮分子（N_2）反应生成氮原子（N）和 NO，生成的氮原子（N）继续与氧分子（O_2）反应，又形成氧原子 O 和 NO，即

$$O_2 \xrightarrow{\text{高温裂解}} 2O \tag{3-6}$$

$$N_2 + O \longrightarrow N + NO \tag{3-7}$$

$$N + O_2 \longrightarrow O + NO \tag{3-8}$$

上述生成机理是由苏联科学家捷尔杜维奇（Zeldovich）于 1946 年提出的，因此也称为捷氏反应机理。此反应只有在高于 1600℃ 的高温下才能进行，因此也称为高温 NO 生成机理。

促使上述反应正向进行并生成 NO 的因素有以下三个：

1）温度。高温时，NO 的平衡浓度高，生成速率也大。在氧充足时，温度是影响 NO 生成的重要因素。

2）氧的浓度。在高温条件下，氧的浓度是影响 NO 生成的重要因素。在氧浓度低时，即使温度高，NO 的生成也会受到抑制。

3）反应滞留时间。由于 NO 的生成反应比燃烧反应慢得多，所以即使在高温下，如果反应停留时间短，NO 的生成量也会受到限制。

综上所述，NO 的生成是由于"高温富氧长停留"造成的。

四、颗粒物（PM）的生成机理

1. 汽油机颗粒物的生成机理

汽油机中的排气颗粒物有三种来源：含铅汽油燃烧产生的铅化物，来自汽油中的硫产生的硫酸盐，以及不完全燃烧产生的碳烟。

轿车发动机用含铅 0.15g/L 的汽油运转时，会排放颗粒物 100～150mg/km，其中一半左右是铅。目前，由于贵金属三效催化剂的应用，含铅汽油已逐步被淘汰，铅颗粒物当然也不再排放。

硫酸盐的排放主要涉及在排气系统中装有氧化催化剂的汽车。汽油中的硫燃烧生成 SO_2，接着被催化剂氧化成 SO_3，然后与水结合生成硫酸雾和硫酸盐。不过，一般汽油的含硫量很低，而且随着排放标准的更加严格，将进一步限制含硫量，因此汽油机硫酸盐的排放一般很少。

碳烟排放对均质燃烧汽油机来说属于不正常现象，因为它只出现在可燃混合气非常浓的情况下，对调整良好的汽油机来说不是主要问题。

2. 柴油机颗粒物的生成机理

柴油机的颗粒物排放量一般比汽油机大几十倍。对于轿车和轻型车用的柴油机，其颗粒物排放量为 0.1～1.0g/km 的数量级；对于重型车用柴油机，其颗粒物排放量为 0.1～1.0g/(kW·h) 的数量级。

（1）颗粒物的成分

柴油机颗粒物是由三部分组成的，即干碳烟（DS）（一般简称为碳烟）、可溶性有机物（SOF）和硫酸盐，分别约占颗粒排放质量分数的 55%、40% 和 10%。柴油机颗粒物的组成取决于运转工况，尤其是排气温度。当排气温度超过 500℃ 时，颗粒物基本上是碳微球（含有少量氢和其他微量元素）的聚集体，

即为碳烟（DS）。当排气温度较低时，碳烟会吸附和凝聚多种有机物，称为可溶性有机物（SOF）。当柴油机在高负荷下工作时，碳烟在颗粒物中所占的比例升高，部分负荷时则降低。

碳烟是柴油机颗粒物的主要组成部分，碳烟产生的条件是高温和缺氧，由于柴油机混合气极不均匀，尽管总体是富氧燃烧，但局部的缺氧还是导致了碳烟的形成。SOF又可根据来源不同分为未燃燃料和未燃润滑油成分，两者所占比例随柴油机的不同而异，但一般可认为大致相等。

近年来，随着油气混合过程的改善和柴油高压喷射技术的应用，颗粒物和碳烟的总排放量有明显下降，但$PM_{2.5}$以下粒径较小的颗粒物所占的比例增大。

（2）碳烟的形成过程

柴油机排放的烟粒主要由燃油中含有的碳产生，并受燃油种类、燃油分子中的碳原子数的影响。尽管人们对燃烧烟粒的生成问题进行了大量的基础研究，但关于柴油机燃烧过程中烟粒的生成机理至今仍不是很清楚。因为这涉及成分很复杂的燃油在三维空间的强湍流混合气中以及在高温高压下发生的不可再现的反应过程。

一般认为，柴油在高压高温（2000～2200℃）、局部缺氧的条件下，经过热裂解，复杂的HC逐步脱氢成为简单的HC，产生多种中间产物，然后进一步裂解和脱氢成为活性较强的乙炔（C_2H_2）。乙炔再经聚合脱氢、裂解，基团聚合成固体碳烟胚核。之后，反应分成高温和低温两个途径：在大于1000℃的高温情况下，经过聚合、环构化和进一步脱氢形成具有多环结构的不溶性碳烟成分，最后形成六方晶格的碳烟晶核；在低于1000℃时，经过环构化和氧化，也形成碳烟晶粒，再经不断聚集长大为碳烟。柴油机烟粒的生成和长大过程一般可分为以下两个阶段：

1）烟粒生成阶段。燃油中烃分子在高温缺氧的条件下发生部分氧化和热裂解，生成各种不饱和烃类，如乙烯、乙炔及其他较高阶的同系物和多环芳烃。它们不断脱氢，聚合成以碳为主的、直径为2nm左右的碳烟核心（晶核）。

2）烟粒长大阶段。气相的烃和其他物质在这个晶核表面的凝聚，以及晶核相互碰撞，发生的聚集，使碳烟粒子增大，成为直径20～30nm的碳烟基元。最后，碳烟基元经聚集作用堆积成粒度在1μm以下的链状或团絮状聚集物。

简而言之，柴油机的颗粒物生成是"高温缺氧成核，低温聚合成烟"。

第三节　控制机动车尾气排放的策略及技术

控制机动车尾气排放不是一个装置或一个措施就能解决的问题，牵扯到整个汽车工业甚至整个国民经济领域的各个方面，是一个长期的、循序渐进的过

程，需要是随着科学技术的发展、生产工艺的成熟逐渐加强控制。因此，我国机动车排放控制采用分阶段达标的策略。自 2000 年开始实施的国 I 系列排放标准至今，我国已开始全面实施国Ⅳ排放标准。

针对不同阶段的排放标准，为了满足越来越严格的排放限值，需要根据技术、工艺的成熟度，采用不同的排放控制策略和排放控制技术。目前，控制汽车尾气排放、净化排气污染主要从机前处理、机内控制和机后净化三个方面进行。

一、机前处理

机前处理就是对进入内燃机缸内的燃料及空气做有利于减少有害排放物生成的预处理。

国家环境保护总局在 1999 年 6 月 1 日发布了《车用汽油有害物质控制标准》，国家质量监督检验检疫总局于 2016 年 12 月 23 日发布实施了 GB 17930—2016《车用汽油》强制性国家标准，使我国的车用汽油无铅化，并在生产无铅汽油的过程中，对苯、芳烃、烯烃、锰、铁、铜、铅、磷、硫等有害物质的含量提出了控制指标。

对于柴油，也于 2016 年 12 月 23 日实施了 GB 19147—2016《车用柴油》国家标准，严格控制汽车燃油的品质与质量。

同时，我国也在大力推广代用清洁燃料。CNG、LNG、LPG 等燃料不断地得到开发与应用。制定了 GB 18047—2017《车用压缩天然气》国家强制性标准，对车用压缩天然气的使用进行规范。

二、机内控制

机内控制就是从发动机内部，通过改善燃烧，从有害排放物的源头采取降低排气有害成分的有效措施。由于汽油机与柴油机控制排放侧重点的不同，目前主要使用的技术，汽油机与柴油机也不同。

1. 汽油机的机内净化技术

机内净化是治理汽油机排放污染物的治本措施，主要包括以下几个方面：

（1）汽油喷射电控系统

汽油喷射电控系统利用各种传感器检测发动机的各种状态，经过微机判断和计算，来控制发动机在不同工况下的喷油时刻、喷油量和点火提前角等，使发动机在不同工况下都能获得具有合适空燃比的混合气，提高燃油的燃烧效率，从而达到降低汽油机污染物排放量的目的。目前普遍采用的是电控燃油喷射系统（EFI）。

（2）低排放燃烧技术

低排放燃烧技术主要是依靠稀薄燃烧技术、分层燃烧技术和汽油直喷技术等来改善可燃混合气的形成和燃烧条件，从而大幅度降低 CO、HC、NO_x 的排放

量。目前普遍采用燃油分层喷射（FSI）、缸内直喷（GDI）等。

（3）废气再循环（EGR）技术

废气再循环（EGR）技术是指在保证发动机动力性不明显降低的前提下，根据发动机的温度和负荷的大小，将发动机排出的一部分废气再送回进气管，使其与新鲜空气或新鲜混合气混合后再次进入气缸参加燃烧。这种方式使得混合气中氧的浓度降低，从而使燃烧反应的速度减慢，可以有效地控制燃烧过程中 NO_x 的生成，降低 NO_x 的排放量。

（4）进气增压技术

进气增压就是利用增压器增加进入燃烧室的进气量，并在混合气进入燃烧室前对其进行冷却，使混合气燃烧得更彻底，排气更干净，提高发动机的动力性和在高原地区的工作适应性。

（5）多气门技术

多气门技术是使发动机每个气缸的进气门数超过两个，保证较大的换气流通面积，减少泵气损失，增大充气量，保证较大的燃烧速率，从而降低 CO 和 HC 的排放量。

（6）可变技术

可变技术通过改变进气歧管长度或截面面积，或改变气门升程和气门正时，或改变压缩比或排量，达到解决发动机在高低转速和大小负荷时的性能矛盾，并减少相应 CO 和 HC 排放量的目的。目前较多采用的是 VVT 技术、VTEC 技术以及停缸技术等。

2. 柴油机的机内净化技术

柴油机的燃烧过程包含了预混、扩散混合等过程，远比汽油机复杂，因而可用于控制有害物生成的燃烧特性参数也远比汽油机复杂，这使得寻求一种兼顾排放、热效率等各种性能的理想发热规律成了控制柴油机排放的核心问题。为达到此目的，研究理想的喷油规律、理想的进气运动规律，以及与之匹配的燃烧室形状是必不可少的。

然而，根据柴油机 NO_x 与颗粒物的生成机理，同时降低两者的排放量往往存在着矛盾。一般有利于降低柴油机 NO_x 的技术都有使颗粒物排放量增加的趋势，反之亦然。因此柴油机机内控制技术在实际应用中常常是几种措施同时使用。目前主要有以下一些技术对策：

（1）燃烧室设计

通过优化设计燃烧室参数，采用新型燃烧方式，达到控制 NO_x 和颗粒物的目的。

（2）改进喷油规律

根据预混、扩散以及喷油特性，将燃油分次多段进行喷射，控制 NO_x 的

排放。

（3）增压及改善进气

通过增压中冷、可变进气涡流、多气门等措施，改善进气状态，控制颗粒物。

（4）EGR

与汽油机一样，通过 EGR、中冷 EGR，降低混合气中氧浓度，从而控制 NO_x 排放。

（5）高压喷射

通过将燃油高压喷入气缸，达到细化燃油颗粒，增大油气接触面积，达到改善燃烧、减少颗粒物排放的目的。

三、机后净化

机内控制技术以改善发动机燃烧过程为主要内容，对降低排气污染起到了较大的作用，但其效果有限，且不同程度地给汽车的动力性、经济性带来负面影响。随着对发动机排放要求的日趋严格，改善发动机工作过程的难度越来越大，能统筹兼顾动力性、经济性和排放性能的发动机将越来越复杂，成本也急剧上升。

因此，世界各国都先后研发了废气后处理净化技术，在不影响或少影响发动机其他性能的同时，在排气系统中安装各种净化装置，采用物理的和化学的方法降低排气中的污染物并最终向大气环境排放。

针对汽油机，后处理主要是将未燃的 HC 和燃烧不完全的 CO 氧化成 H_2O 和 CO_2，同时，将 NO_x 还原成 N_2 和 O_2。主要技术是利用贵重稀土元素铂、铑、钯等作为催化剂，进行氧化和还原反应。主要有三元催化转化器（TWC）、热反应器和空气喷射器等。

而针对柴油机，由于机内控制无法兼顾 NO_x 和颗粒物的排放，因此，机后处理技术必须与机内控制技术联合使用，才能同时控制 NO_x 和颗粒物的排放。目前主要有机内处理 NO_x、机外处理颗粒物策略和机内处理颗粒物和机外处理 NO_x 策略。主要机外处理技术有氧化催化转化技术、吸附催化还原技术（LNT）、选择性催化还原技术和颗粒捕捉技术等。与之对应，目前柴油机后处理装置包括氧化催化转化器（DOC）、选择性催化还原系统（SCR）和颗粒捕捉器（DPF）等。

四、不同阶段的排放控制路线

随着机动车及发动机排放标准升级，机动车和发动机生产企业都面临着技术路线的选择问题。不同的排放标准阶段对应着不同的排放技术路线，只有结合成本控制，综合使用，才能达到好的控制汽车排放的目的。不同排放标准阶

段的发动机技术路线见表3-3。

表3-3　不同排放标准阶段的发动机技术路线

排放标准	主要技术		备注
	汽油机	柴油机	
国零	化油器	机械泵、自然吸气	
国Ⅰ	化油器或EFI[①]	机械泵、自然吸气或涡轮增压	
国Ⅱ	EFI[②]、TWC	机械泵、增压+中冷	
国Ⅲ	EFI[②]、TWC、VTEC	电控供油系统（高压共轨、单体泵、泵喷嘴）增压中冷	
国Ⅳ	EFI[②]、EGR、TWC、VTEC	电控供油系统、deNO$_x$系统或EGR+去颗粒物系统	OBD
国Ⅴ	GDI、增压器、EGR、TWC、VTEC	电控供油系统、deNO$_x$系统或EGR+DPF	OBD
国Ⅵ	GDI、增压器、EGR、TWC、VTEC、GPF	电控供油系统、deNO$_x$系统+DPF	OBD

EFI[①]：单点电控燃油喷射。　　TWC：三元催化转化器　　VTEC：可变气门ECU

EFI[②]：多点顺序电控燃油喷射。　GDI：汽油缸内直喷　　GPF：汽油机颗粒捕集器

deNO$_x$：除氮氧化物　　OBD：自诊断系统　　DPF：柴油机颗粒捕集器

　　针对每一个排放标准阶段，除表3-3所示的技术配置，在每一次的排放技术提升过程中，还需要对整个发动机（进气系统、供油系统和排气后处理系统）进行不同程度的综合改进和优化。例如：进气系统的优化包括进气道、多气门、涡轮增压技术水平的提升等；供油系统的优化，主要是压力的提升和喷油速率的灵活控制，喷油速率的灵活控制主要靠电控来实现，再配合燃烧室形状的优化。在各系统设计优化的同时，附属零件也应有相应的技术提升。

第四节　机动车尾气排放的控制装置

　　在日常检验中，能见到的排放装置主要是机后处理装置。常见的有汽油机上的三元催化转化器（TWC）、柴油机上的氧化催化转化器（DOC）、颗粒捕集器（DPF）和选择性催化还原系统（SCR）等。

一、三元催化转化器（TWC）

　　TWC是目前应用最多的汽油机废气后处理技术。当发动机工作时，废气经排气管进入TWC，其中，NO$_x$与废气中的CO、H$_2$等还原性气体在催化作用下分解成N$_2$和O$_2$，而HC和CO在催化作用下充分氧化，生成CO$_2$和H$_2$O。TWC

的载体一般采用蜂窝结构，蜂窝表面有涂层和活性组分，与废气的接触面积非常大，所以其净化效率高。当发动机的空燃比在理论空燃比附近时，三元催化剂可将90%的HC、CO和70%的NO_x同时净化，因此这种催化器被称为三元催化转化器。

1. 三元催化转化器（TWC）的基本构造

TWC外形类似消声器，是由壳体、垫层、载体及催化剂四部分构成的，如图3-1所示。其中，催化剂是催化活性组分和涂层的合称，它是整个TWC的核心部分，决定着主要性能指标。

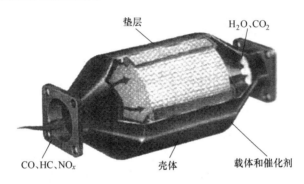

图3-1　TWC的结构

（1）壳体

壳体是TWC的支承体。通常由奥氏体或铁素体镍镉耐热不锈钢板材做成双层结构，以防氧化皮脱落造成催化剂的堵塞，并可保证催化剂的反应温度。为了减少TWC对汽车底板的高温辐射，防止进入加油站时因TWC炽热的表面引起火灾，避免路面积水飞溅对TWC的激冷损坏及路面飞石造成的撞击损坏，加速发动机冷起动时催化剂的起燃，以及降低排气噪声，壳体外面还装有半周或全周的隔热罩。

（2）垫层

垫层由软质耐热材料制成，一般有陶瓷密封垫层和钢丝网垫层两种。垫层加在载体与壳体之间，起到减振、缓解热应力、固定载体、保温和密封的作用。陶瓷密封垫层由陶瓷纤维、蛭石及黏结剂组成。陶瓷密封垫层在第一次受热时体积会明显膨胀，而在冷却时仅部分收缩，这样就使金属壳体与陶瓷载体之间的缝隙完全胀死并密封。陶瓷密封垫层的隔热性、抗冲击性、密封性和高低温下对载体的固定力比钢丝网垫层优越，是目前主要应用的垫层。

（3）载体（图3-2）

因为催化活性主要由表面原子产生，为了最大限度地发挥催化剂效果，它们必须高度分散在载体表面上，所以载体必须具有多孔性及足够大的微观表面

积。对排气的阻力要尽可能小，不使
排气背压过分增大，以免损害发动机
性能。载体必须有足够的力学性能和
耐热性能，热容量要低，在发动机冷
起动时能很快热起来。现在常用带有
很多细小方形孔道的蜂窝块作为载
体，它一般用堇青石陶瓷制造。堇青
石陶瓷线胀系数很小，有优异的抗热
冲击能力，其最高使用温度可达
1100℃左右。随着制造工艺的改进，
载体的孔道密度约为 93 孔/cm²，孔壁
约 0.1mm。

图 3-2　TWC 的载体

（4）涂层

涂层是在载体的表面涂的一层多孔的活性水洗层。涂层主要由 γ- Al$_2$O$_3$ 构
成，具有较大的比面积（>200m²/g）。其粗糙多孔的表面可使载体壁面的实际
催化反应表面积大大增加。涂层表面分散着作为催化活性材料的贵金属，一般
为铑（Rh）、铂（Pt）和钯（Pd），以及作为助催化剂的铈（Ce）、钡（Ba）和
镧（La）等稀土元素。

铑是三元催化剂中控制 NO$_x$ 的主要成分，它在较低的排气温度下选择性地
还原 NO$_x$ 为 N$_2$，同时产生少量的氨（NH$_3$）；铂的主要作用是转化 CO 和 HC；
钯的作用与铂基本相同，但其催化能力较铂弱。之所以在催化剂中加入钯，主
要是因为铂和钯可以起到协同作用，以提高催化剂的抗老化能力，在增强催化
剂活性的同时降低硫酸盐的生成量。

2. 三元催化转化器（TWC）的使用条件

TWC 如使用不当或发生故障，将会造成排放性能下降，排放控制失效，因
此应严格控制使用条件。

（1）选择适当的燃油和润滑油

燃油中的铅会与催化剂反应，导致催化剂活性成分发生相变，催化转化效
率下降甚至失效，即铅中毒，因此应选择含铅量较少的无铅汽油。

燃油和润滑油中的硫也会造成催化剂活性降低。相较而言，硫对非贵金属
催化剂的影响更大，在使用高硫燃油时，应选择使用贵金属催化剂的转化器。

机油中的磷在缸内燃烧会形成磷酸铝或焦磷酸锌黏附在催化剂表面，阻止
废气与催化剂接触，使转换器磷中毒，因此，机油应选择无磷机油。

（2）保持最佳的工作温度

TWC 在 200℃左右开始起作用，最佳工作温度是 400 ~ 800℃，而超过

1000℃以后，催化剂中的贵金属自身也会发生化学反应，从而使 TWC 失效。因此，车辆工作温度过低或过高都不利于 TWC 的正常工作。

（3）保持理论空燃比，防止漏气

TWC 的转化效率在理论空燃比附近最高，而较浓或较稀的混合气都会使转化效率急剧下降。现代汽车均采用由排气氧传感器反馈控制空燃比的电控汽油喷射系统，基本可以满足空燃比维持在理论空燃比附近的要求，但应防止排气系统或 TWC 壳体漏气，使实际进入 TWC 的尾气偏离理论空燃比。闭环控制系统与 TWC 如图 3-3 所示。

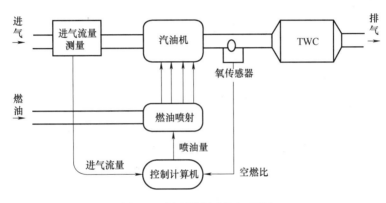

图 3-3　闭环控制系统与 TWC

（4）保持发动机机油量的正常损耗

发动机烧机油或不正常燃烧时产生的碳粒会沉积在催化剂表面，润滑油中的部分胶质燃烧后也会形成结焦和积炭，附着在催化剂表面，影响转化效率。

3. 三元催化转化器（TWC）排气系统的组成

TWC 排气系统的组成如图 3-4 所示。

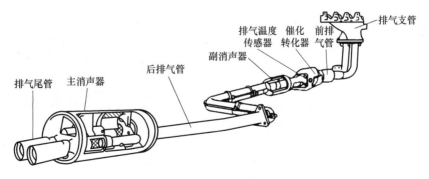

图 3-4　TWC 排气系统的组成

二、氧化催化转化器（DOC）

柴油机氧化催化转化器（DOC）（图 3-5）主要通过催化氧化的方法，减少柴油机排气中 CO 和 HC 的排放，同时也可以通过氧化颗粒物中的可溶性有机物（SOF），在一定程度上减少颗粒物的排放。

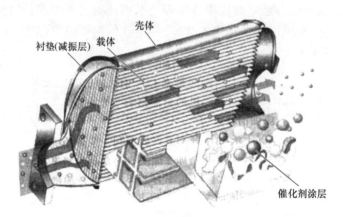

图 3-5　氧化催化转化器（DOC）

柴油机 DOC 的工作原理与汽油机 TWC 相似，不同的是前者工作在氧化性气体氛围中，而后者主要工作在还原性气体氛围中，因而其催化剂中不含铑。

柴油机 DOC 的结构与汽油机 TWC 相同，制作材料与使用条件也相同。

三、颗粒捕集器（DPF）

颗粒捕集器（DPF）（图 3-6）是对颗粒物进行捕集最可行的一种后处理技术，通过拦截、碰撞和扩散等机理，过滤体可以将尾气中的颗粒物捕集起来。目前，商业化的表面过滤式 DPF 可以达到 90% 以上的捕集效率。

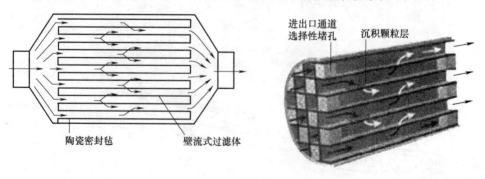

图 3-6　颗粒捕集器（DPF）

DPF 外观上与催化转化器相似，也为壳体内包裹蜂巢状陶瓷体，不同的是催化转化器内蜂巢状陶瓷体是载体，上面的小孔是通孔，孔壁表面是催化剂涂层；而 DPF 内蜂巢状陶瓷体是过滤体，上面的小孔不是通孔，表面没有涂层。

DPF 的原理是柴油机尾气通过排气管进入多孔蜂窝孔道后，由相邻的孔道流出，颗粒物被拦截在孔道的内表面，堆积成颗粒层，形成滤饼过滤，实现对颗粒物的过滤捕集。

随着颗粒物在捕集器内部沉积量的增加，过滤体的压降逐渐增大，导致排气阻力增大，使缸内燃烧恶化，影响柴油机的动力输出和经济性。因此，当过滤体的压降达到一定程度后，需要对过滤体进行再生。

四、选择性催化还原系统（SCR）

选择性催化还原技术作为有效的排气后处理措施，最初应用在锅炉、焚烧炉和发电厂等固定式的污染源上，以降低 NO_x 的排放量。其基本原理是以氨气（NH_3）为还原剂，在催化剂的作用下将柴油机排气中的 NO_x 转化为无害的 N_2 和水蒸气（H_2O）。尽管 NH_3 本身无毒，但它是一种刺激性气味很强的气体，不便于直接在汽车上使用，故需采用向排气管中喷射尿素水溶液的方式提供反应所需的 NH_3。NH_3 具有很强的选择性，它易与 NO_x 反应而不会与废气中存在的 O_2 发生反应，因此叫作选择性还原法。

SCR 对 NO_x 的转化率大于90%，目前，车用系统主要包括催化转化器系统、NH_3 喷射装置、NH_3 存储器、排气传感器及控制单元等，使用成本较高。柴油机 SCR 如图 3-7 所示。

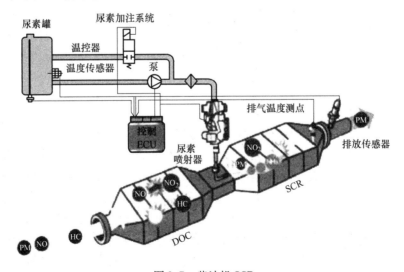

图 3-7　柴油机 SCR

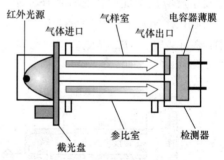

第五节　机动车尾气排放物检测装置的工作原理

机动车尾气排放物的成分中，主要是碳燃料完全燃烧后的产物：CO_2 和 H_2O，也包括目前排放法规中要求限制的排气污染物：CO、HC、NO_x 以及颗粒物。排气污染物占机动车总排气量的极少一部分，但其危害性巨大，采用何种原理精确地测量出尾气中污染物的含量，是进行尾气治理的前提条件。

一、不分光红外法（NDIR）

根据机动车尾气排放污染物的特性，采用不分光红外法（NDIR）测量机动车尾气中的 CO、HC 和 CO_2。

不分光红外法（NDIR）是根据不同气体对红外线的选择性吸收原理提出来的。红外线是波长为 $0.8 \sim 600\mu m$ 的电磁波，多数气体具有吸收特定波长的红外线的能力。除单原子气体（如氩气 Ar、氖气 Ne）和同原子的双原子气体（如 N_2、O_2、H_2 等）之外，大多数非对称分子（由不同原子构成的分子）都具有吸收红外线的特性。汽车排气中的有害气体均为非对称分子，如 CO 能吸收波长为 $4.68\mu m$ 的红外线，CO_2 能吸收波长为 $4.35\mu m$ 的红外线，HC 能吸收波长为 $3.4\mu m$ 的红外线。所谓"不分光红外线"是指对于特定的被测气体，测量时所用的红外线的波长是一定的。

根据不分光红外法检测气体浓度的仪器叫作不分光红外线分析仪，其内部结构如图 3-8 所示。参比室中充满了不吸收红外线的气体（如 N_2），被测气体通过气体进口进入气样室，从红外光源射出的强度为 I_0 的红外线经过栅状截光盘，周期性地射入参比室和气样室。

图 3-8　不分光红外线分析仪的结构

由于被测气体吸收红外线，使得透射过气样室的红外线减少，其强度变成了 I；而参比室的气体不吸收红外线，其透射红外线强度仍为 I_0；两室透射出的红外线周期性地进入检测器。检测器有两个接收室，里面充有与被测气体成分相同的气体，中间用兼作电容器极板的金属膜隔开，接收室内的气体周期性地被红外线加热，从而产生周期性的压力变化。由于来自气样室的红外线强度 I 小于来自参比室的红外线强度 I_0，电容器薄膜向气样室一侧凸起，电容量减少，并且正比于被测气体的浓度。通过测量电容转换的电压信号，就能测出被测气体的浓度。

值得注意的是，不分光红外法（NDIR）对 CO 及 CO_2 有较高的测量精度，但是，只能检测某一波长段的 HC，而发动机排气中包含上百种 HC，无法完全测量。目前现行国家标准中要求在检测器的接收室内填充正己烷（C_6H_{14}），主要测量尾气中饱和烃的含量，不测量非饱和烃和芳香烃。对于用不分光红外法（NDIR）测量 NO 时，由于输出信号是非线性的且易受到干扰，因此，测量精度较低。

二、电化学法（ECD）

根据机动车尾气排放污染物的特性，采用电化学法（ECD）测量机动车尾气中的 NO_x 和 O_2。

电化学法（ECD）是用气敏性离子选择性电极作为指示电极（通常称作传感器），当一定浓度的气体通过传感器时，就会产生一个电位，这个值和气体浓度的对数在一定范围内呈线性关系，由此可以通过电测的方法测得气体浓度。

采用电化学法可以利用 O_2/NO 传感器测量机动车尾气中 O_2 和 NO 的浓度。O_2/NO 传感器的结构图如图 3-9 所示。

汽车尾气分析用 O_2/NO 传感器为金属-气体扩散限制型，传感器结构由阳极电解液和阴极气体组成，当气体扩散进入传感器后，在阴电极表面进行氧化或还原反应，产生电

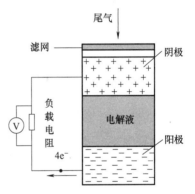

图 3-9　O_2/NO 传感器的结构图

流并通过外电路流经两个电极。该电流的大小与气体的浓度成比例，可通过外电路的负荷电阻予以测量。

在实际应用中由于 O_2/NO 传感器的电流信号受气体扩散率的影响，且外界压力的变化会引起被测气体分压的改变，所以，输出电压信号也会随之变化，因此，该传感器被安装在仪器的出气口，使该处的气体压力与环境大气的压力接近，以得到稳定可靠的输出结果。

O_2/NO 传感器的设计寿命，在空气 20℃左右时，大约为两年，属于消耗型元件。正常情况可稳定地输出 $9 \sim 13mV$ 的电压值。传感器的寿命由与废气接触反应量决定，较高的温度和废气浓度会增加传感器的输出，从而缩短其有效寿命。寿命接近结束时，传感器在空气中的输出信号会迅速地降为 0。

需要注意的是电化学法（ECD）仅能对单一气体进行检测，即 O_2/NO 传感器仅能测量 NO 的浓度，而 NO_x 中的气体氮氧化物成分，需要先转换成 NO 后才能进行检测。

三、分流式内置不透光法

根据机动车尾气排放污染物的特性，采用分流式内置不透光法测量机动车的排气烟度。

分流式内置不透光法的工作原理是利用透光衰减率来测试排气中的烟度。它让部分尾气流过由光源和接收器构成的光通道，接收器所接收的光强度的减弱程度就代表排气的烟度。按照这种原理制成的烟度计又叫作哈特里奇烟度计。不透光烟度测量原理如图3-10所示。

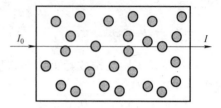

图 3-10 不透光烟度测量原理

不透光烟度有两种表示方法，一种为绝对光吸收系数 k，单位为 m^{-1}，另一种为不透光度，单位为%。两种表示方法的量程均应以光全通过时为0，全遮挡时为满量程。

$$N = \frac{I}{I_0} = 100(1 - e^{-kL}) \tag{3-9}$$

$$k = -\frac{1}{L}\ln\left(1 - \frac{N}{100}\right) \tag{3-10}$$

式中　N——不透光度；

k——光吸收系数；

I——出射光强度；

I_0——入射光强度；

L——光通道的有效长度。

不透光式烟度计不仅可测黑烟，而且可测蓝烟和白烟。它对低浓度的可见污染物有较高的分辨率，可以进行连续测量。它不仅可用来研究柴油机的瞬态碳烟和其他可见污染物的排放性能，而且可以方便地测量排放法规中所要求的自由加速烟度和有负荷加速烟度。

第六节　在用机动车尾气排放检测方法

对于在用机动车，GB 3847—2005《车用压燃式发动机和压燃式发动机汽车排气烟度排放限值及测量方法》、GB 18285—2005《点燃式发动机汽车排气污染物排放限值及测量方法（双怠速法及简易工况法）》两个标准一共规定了七种检验方法：双怠速法、瞬态工况法（IM195）、稳态工况法（ASM）、简易瞬态工况法（IG195）、自由加速滤纸烟度法、自由加速不透光烟度法和加载减速不透光

烟度法（Lug Down Mode）等。根据标准要求，全国各省、自治区、直辖市选取适合本地区发展的机动车排气污染物检测方法进行检测。

一、双怠速法

怠速是发动机的一种工况，是指发动机在不输出功的情况下，以最低稳定转速运转的工况。

怠速工况是汽车最常处于的一种工况。在起动后的暖机时刻、路口等待红灯时刻以及堵车、起步和停车前后等车辆未行驶状态，汽车均处于怠速工况。此时车辆离合器接合；变速器处于空档（自动变速器的车处于"P"位或"N"位）；加速踏板完全松开；化油器车阻风门处于全开位置，发动机供给较浓的混合气，空燃比较低，车辆的 CO 和 HC 排放水平较高。

高怠速工况是指车辆满足怠速工况条件下，用加速踏板将发动机转速稳定控制在 50% 额定转速。由于各车型的额定转速不尽相同，为统一标准，GB 18285—2005 中规定：轻型车高怠速为（2500±100）r/min，重型车为（1800±100）r/min，如有特殊规定的，按照制造厂技术文件中规定的高怠速转速。

双怠速法操作方便快捷，成本低廉，因此广泛应用于检测场站的车辆年检、环保部门的路检以及维修厂对车辆进行检修等，可以帮助检测人员判断发动机是否处于正常的工作状态。但是，由于双怠速法测量的是车辆处于停驶、无负载状态下的排气浓度，而 NO_x 排放是车辆在高温高负荷情况下的产物，因此，双怠速法不能真实反映车辆行驶时的实际排放水平和 NO_x 的排放量。

二、简易瞬态工况法

为了准确全面地反映车辆的实际排放水平，测量时可将车辆置于底盘测功机上，施加一定量的载荷，模拟车辆在道路上的行驶车况，抽取此时的尾气排放并测量其结果，这就是简易工况法。简易工况法包括瞬态工况法（IM195）、稳态工况法（ASM）和简易瞬态工况法（IG195）。

稳态工况法就是底盘测功机以车速为 25km/h、加速度为 $1.475m/s^2$ 时输出功率的 50% 为设定功率对车辆加载，以及以车速为 40km/h、加速度为 $1.475m/s^2$ 时输出功率的 25% 为设定功率对车辆加载，在两个稳定工况下测量车辆的尾气排放。

稳态工况法测量结果为浓度，对设备要求较低，测量稳定，操作简单，但是与新车认证检测结果的关联性较差，以浓度为排放结果不直观。

瞬态工况法是指采用实验室级别的分析仪器检测稀释后排气中的低浓度污染物（CO、HC、NO_x、CO_2）排放量，还有配备带有多点载荷设定的功率吸收

装置和惯性飞轮组的底盘测功机，以模拟车辆的加速惯量和实时道路载荷的吸收功率。车辆在底盘测功机上完成一个市区运转循环，需要195s，理论行驶里程为1013m，平均车速19km/h。

瞬态工况法采用定容取样、不分光红外线分析仪测定［CO］、［CO_2］，用氢火焰离子分析仪测定［HC］，用化学发光分析仪测定［NO_x］，用临界流量文丘里管测定稀释后的排气流量。整个设备要求较高，使用、维护复杂，尽管测量精确，但不适合在用车的环保定期检验。

采用简易瞬态工况法（IG195）与瞬态工况法一样，简易瞬态工况法也采用带有多点载荷设定的功率吸收装置和惯性飞轮组的底盘测功机，以模拟车辆的加速惯量和实时道路载荷的吸收功率。车辆在底盘测功机上完成一个市区运转循环与瞬态工况法一致，也是需要195s，理论行驶里程为1013m，平均车速为19km/h。不同的是简易瞬态工况法简化了尾气取样与分析设备：利用气体流量计测量排气流量，用汽车尾气分析仪（［CO］、［CO_2］、［HC］的测量应采用不分光红外线法，［O_2］采用电化学法）测定各种污染物的浓度，通过计算得到完成一个试验循环排气污染物的单位里程排放质量（g/km）。

简易瞬态工况法与瞬态工况法相比，设备成本适中，测量较为准确，测量结果直观，目前已被广泛使用。

三、在用汽车自由加速试验——滤纸烟度法

自由加速工况就是发动机在怠速（发动机运转，离合器处于接合位置；加速踏板处于松开位置；变速器处于空档位置；具有排气制动装置的发动机，碟形阀处于全开位置）状态下，迅速将加速踏板踩到底并维持至少4s以上，使喷油泵在极短的时间内向气缸内供给最大的油量，发动机转速逐渐上升至最高转速。由于压燃式发动机进气、压缩的是纯空气，在上止点附近向缸内喷射燃料。每循环进入的纯空气量基本一致，而喷射的燃料量是根据油门的大小，即发动机负荷的大小确定的，油门越大喷入的燃料量越多，就会导致缸内混合气越浓，燃烧越不充分，此时发动机的颗粒物排放较差、冒黑烟。同时，发动机转速会由于喷油量的增多而逐渐升高，这个过程就叫作自由加速过程，当加速到一定转速时，发动机上的调速器起作用，控制向缸内喷射的油量，从而使发动机稳定在一个固定转速，该转速即为发动机最高空载转速。

自由加速滤纸烟度法就是使发动机处于自由加速状态，当发动机排出此过程的最浓碳烟颗粒时，抽取规定长度的排气柱并将其通过清洁的滤纸进行过滤，将排气柱中所含的碳烟颗粒滤在滤纸上。通过检验规定面积的清洁滤纸被染黑的程度，确定发动机的排气烟度。滤纸烟度法又叫作波许烟度法，测量结果值

为波许（Rb）。

自由加速滤纸烟度法仅适用于 2001 年 10 月 1 日前生产的压燃式发动机汽车的环保定期检验，目前该方法随着在用车的逐渐减少已基本被淘汰。

四、在用汽车自由加速试验——不透光烟度法

自由加速不透光烟度法也是使发动机处于自由加速工况，只是使用哈特里奇烟度计（分流式内置不透光烟度计）进行排气烟度的检测，检测结果为不透光烟度 N（%）或光吸收系数 k（m^{-1}）。自由加速工况烟度测试是一种非稳态烟度测量方法。

自由加速是压燃式发动机排放较为恶劣的一种工况，但该工况在实际工作中并非常见工况，并且可通过减缓加速踏板踩下速率或减少维持时间达到减少排放的目的。虽然自由加速法操作简单、方便快捷和成本低廉，但是，工况针对性不强，属无负载检测，不能真实反映车辆运行时的排放状况，检测过程中人为因素影响较大。

五、在用汽车加载减速工况法

加载减速烟度法也是一种非稳态烟度测量方法。该方法在 A、B、C 三个加载工况点进行测试，如图 3-11 所示。三个工况点分别如下：

A 点：实测车辆的最大轮边功率点 MaxHP，此时转鼓线速度为 VelMaxHP。

B 点：转鼓线速度为 90% VelMaxHP 时的轮边功率点。

C 点：转鼓线速度为 80% VelMaxHP 时的轮边功率点。

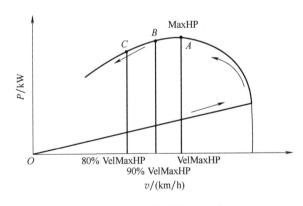

图 3-11　加载减速法工况点

加载减速法实际上就是车辆在油门全开的情况下，通过对车辆驱动轮加载迫使车辆减速运行的一种方法。相当于一辆以接近 70km/h 车速行驶的满载车辆，在油门全开的情况下，测试在平路、上缓坡、上陡坡时的排放烟度。坡道

阻力相当于增加的载荷，在不同坡度上的车速不同，坡度越陡，阻力越大，车速越慢，即为加载减速。

由于压燃式发动机在油门全开的状态下，喷油量最多，同时，随着转速的降低，单位时间进入气缸内的空气量减少，使发动机燃烧越来越恶劣，颗粒物排放越来越多，发动机冒黑烟。这种方法可以较准确地模拟发动机的实际使用状态，与实际道路相关性较好，但是对发动机损伤较大，检测过程中的安全性要求较高。

第四章
在用机动车环保定期检验

第一节　在用机动车环保定期检验工艺流程及技术要求

在用机动车环保定期检验流程图如图 4-1 所示。一般情况下，机动车环保检验的工艺流程包含两个区域和两个工位。车辆在待检区域等待检测，有序

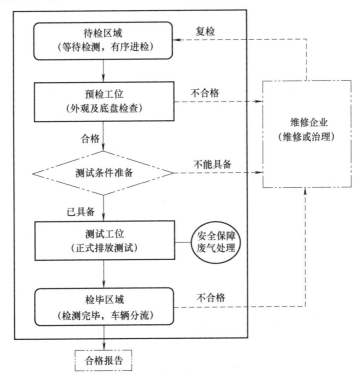

图 4-1　在用机动车环保定期检验流程图

进检；在预检工位完成外观及底盘的检查，预检不合格的车辆送第三方维修企业维修，符合要求的车辆方可进入下一流程；在正式测试之前应做好准备工作，使被检车辆达到测试条件要求；在测试工位车辆上线测试过程中，还应做好安全保障、废气处理等相应工作；检测完毕后，车辆在检毕区域分流，环检不合格的车辆需到第三方维修或到治理机构进行维修或治理，经维修或治理后的车辆重新上线复检。检测合格的车辆发放机动车排气污染物检验合格报告。

一、待检区域

机动车在此区域等待检测，实现车辆安全、有序地进检。待检区域应布局合理，确保车辆通过顺畅，回转空间足够，场地安全警示及引道标识齐全明确。对于特殊车辆（危化品运输车、超宽超长车辆等）还应采取有效的安全管控措施。

二、预检工位

该作业工位以人工定性检测为主，主要对送检机动车证照、外观及底盘相关零部件进行检查，以确认送检车辆的唯一性、基本参数信息、检测方法的适宜性和相关安全性能等。完成上述工作并确认符合要求后，送检机动车方可上线检测。

预检工作一般在外检场所完成，机构在对站场进行规划设计时，应考虑外检场所的功能是否满足环检预检工作的需要。站场建设除车间、厂房和行车通道等应满足建设技术规范外，还应设置底盘检查地沟，若因场地限制难以建设，也应采取有效的弥补措施，保证被测机动车在正式上线测试前，能确认其底盘各零部件是否符合要求。预检工作主要包括如下方面。

1. 车辆唯一性的确认

对送检机动车号牌号码和类型、品牌和型号、车辆识别代号（车架号）、发动机号码、车辆颜色和外形进行检查，以确认送检机动车的唯一性。

车辆唯一性应确认无误，防止机动车顶冒、套牌上线检测。

2. 车辆基本参数信息的确认和录入

机动车在正式上线检测排放时，需对其基本参数信息进行确认和录入。

一方面，车辆基本参数信息录入是否正确，将直接影响后续检测中检测方法、标准限值的确定，最终影响检测结果的判定；另一方面，环检机构应通过对机动车尾气的检测掌握一些统计信息，为环保管理部门制定机动车尾气排放控制的政策方针提供可靠的数据依据。因此，检验人员必须对送检机动车基本

参数信息进行确认，并准确地将信息录入环检控制系统。

3. 检测方法适宜性的确认

对检测方法的规定是：对于轻型点燃式发动机汽车采用简易瞬态工况法（IG195），重型点燃式发动机汽车及不适于简易瞬态工况法进行检验的车辆采用双怠速法，压燃式发动机汽车采用加载减速不透光烟度法（Lug Down），其他不适于加载减速不透光烟度法的压燃式发动机汽车采用自由加速法进行在用机动车环保定期检验。

部分机动车因自身结构或控制系统原因，不适于简易瞬态工况法和加载减速法进行检测，因此需要通过预检予以确认。

不适于采用简易瞬态工况法和加载减速法进行检测的车辆包括：

1）全时四驱车辆和部分适时四驱车（若不能解除自动适时四驱控制功能，也不适宜采用工况法测试）。

2）紧密多轴车辆。

3）具有自动牵引力控制或其他可能导致主动制动或牵引力变化的自动控制系统（如牵引力自动控制 ASR/TCS/TRC 等、车身稳定控制 ESC/ESP/DSC 等）的，并且不能人工解除，或者可以解除，但检测完毕后无法及时恢复其本来功能的特殊车辆。

4）低速汽车、摩托车等车速小于50km/h，自重小于400kg 的车辆，不适宜采用加载减速工况法。

5）其他不适宜采用工况法的情形：

① 点燃式发动机汽车，总质量大于 3500kg 的，应采用双怠速法。

② 压燃式发动机汽车，总质量大于 20000kg 的，建议采用不透光自由加速法。

③ 有限速装置并难以解除的车辆，不适宜采用加载减速工况法。

4. 上线检测前安全性的检查

为确保机动车在环保检测过程中的安全，在上线检测前需对送检车辆进行安全性的检查，对存在安全隐患的车辆禁止上线检测。

上线前安全性的检查主要以人工检视为主，可结合使用一些辅助检测工具、量具（轮胎压力表、花纹深度卡尺、锤子、扳手等）进行检查，以确保被检车辆安全上线测试。

安全性的检查确认主要包括仪表及仪表指示、制动、车身和结构、驱动轮和驱动轴、发动机系统等内容。

对于不适宜采用工况法检测的机动车，采用双怠速法或自由加速法仍需对其相关安全性能进行检查和确认。

5. 预检工位应注意的其他问题

1）部分车辆出于各种目的对原有车辆进行改装或加装，影响尾气排放检测的准确性，应要求车主恢复车辆至出厂状态后方能进行测试。例如改装进排气系统；临时加装非本车净化装置；车辆基准质量变化超出该车型在简易瞬态工况法判定标准范围；换装与出厂规格型号不一致的轮胎，造成车辆行驶阻力过大等情况。

2）部分车辆在上线检测前加注非车辆规定的燃料或添加剂等。

三、测试工位

机动车在测试工位应按照已确定的检测方法，严格按照标准规定要求，完成环检的主要测试工作。测试工位的主要工作有以下几方面：

1. 检测前的准备工作

在按照标准已确定的检测方法对在用机动车进行测试前，应做好充分的准备工作，以保证测试环境状态、检测仪器设备、被测机动车状态等均应符合测试技术条件要求。

（1）检测环境状态要求

检测环境状态参数应符合有关技术标准要求。一般情况下应在如下范围进行测试工作（若仪器设备有特殊要求的按厂家使用说明书规定）。

1）测试环境温度为 $0 \sim 40^{\circ}\text{C}$（当采用加载检测法测试时，环境温度不能超过 35°C）。

2）测试环境相对湿度为 $0 \sim 85\%$。

3）大气压力为 $80 \sim 110\text{kPa}$。

4）在高寒或高温地区，若环境条件达不到测试要求，建议采取空调措施来保证测试环境达到要求。

（2）仪器设备应做的准备

1）仪器设备应在有效的检定/校准周期内。

2）仪器各相关部件（探头、管路、排气分析仪和滤清器、不透光计取样单元透镜等）应保持清洁。

3）仪器设备进行充分预热。

4）仪器完成自检和自校等工作，若发现数据异常应用标准物质进行设备核查。

5）当采用工况法测试时，应对底盘测功机进行预热和自检。

（3）被测车辆的准备

1）试验燃料应使用车辆出厂规定的、符合国家标准的燃料。

2）车辆各润滑油、冷却液等规格和加注量应符合规定要求。

3）车辆应进行预热，使发动机油温达到 80°C 或正常工作温度。采用工况法

测试时还应对车辆底盘进行预热（特别是寒冷地区）。

4）车辆应空载并解除附加动力装置，车辆轴荷不能超过设备承载负荷。

5）轮胎规格、气压、花纹及磨损程度应符合规定，并清理轮胎夹石。

6）工况法测试非全时四驱车应选择后轮驱动方式。

7）具有自动牵引力控制或主动制动的车辆，采用工况法试验时，应解除其自动功能。

8）采用加载减速法测试，车辆的最大功率不能超过底盘测功机的最大吸收功率。

2. 测试过程的安全防护工作

（1）人员安全保障

1）禁止非工作人员进入测试场所。

2）操作人员应佩戴安全帽、防护面罩和手套等劳保用品。

3）检测现场应设置有效的安全隔离及安全警示标识，安全区与测试车辆保持足够的安全距离。

4）操作员与引车员之间使用对讲机或其他有效的方式进行信息互通。

5）除紧急情况外，引车员所有操作必须是在得到车下操作人员的明确指令或电子屏的提示后，方可进行。

（2）安全防护措施

1）采用"工况法"检验时，当举升器下降后，应安置驱动轮安全限位挡轮和非驱动轮限位楔块（重型车还需安置安全拉绳，前驱后轮驻车的车辆应驻车制动）。

2）在安置好各限位装置后，车辆应低速试运转，试运转完成后应再次检查各限位装置。

3）操作人员在安置安全防护装置时，应从前向后进行；当解除防护装置时，应从后向前进行。

（3）被测车辆的保护

1）应为受检车辆配备辅助冷却风扇，掀开大型机动车的发动机舱盖板，保证冷却空气流通顺畅，以防止发动机过热。

2）当用加载减速法测试时，应避免被检车辆长时间处于高负荷状态，高负荷测试时间一般不应超过2min，最长不能超过3min。

（4）仪器设备的保护

1）测试仪器应在允许的工作环境下使用，并有防潮、防振和防电磁干扰等措施。

2）取样探头或取样单元应妥善放置，保持清洁，不得随地丢放。

3）取样管不得有泄漏现象，并保持清洁、畅通，禁止折叠。

4）长时间测功时，应对电涡流测功机进行强制散热冷却。

5）测试设备应设置应急开关，异常情况下启用应急开关断电卸载。

（5）消防安全措施

1）检测现场应配备相应的灭火设施（干粉灭火器和消防沙等），并保证取用方便、标识明确。

2）保证消防通道畅通无阻。

3. 环境保护工作

应采取有效措施确保检测场所通风良好，避免废气滞留；同时检测现场应有废气收集装置，对测试过程中产生的废气进行收集并集中排放。有条件的检验机构可对废气进行净化处理后排放。

四、检毕区域

完成检验后的车辆应停放在检毕区域内。检毕区域应与待检区域进行隔离，但应留有人员通道供车主往来。检毕区域应合理布局，确保车辆通过顺畅，具有足够的回转空间，同时，场地安全警示及引道标识齐全明确。

第二节　检测程序、检测操作要点、注意事项及排放限值

一、双怠速法

1. 检测程序

1）应保证被检测车辆处于制造厂规定的正常状态，发动机进气系统应装有空气滤清器，排气系统应装有排气消声器，并不得有泄漏。

2）应在发动机上安装转速计、点火正时仪、冷却液和润滑油测温计等测量仪器。测量时，发动机冷却液和润滑油温度应不低于80℃，或者达到汽车使用说明书规定的热车状态。

3）发动机从怠速状态加速至70%额定转速，运转30s后降至高怠速状态。将取样探头插入排气管中，深度不少于400mm，并固定在排气管上。维持15s后，由具有平均值功能的仪器读取30s内的平均值，或者人工读取30s内的最高值和最低值，其平均值即为高怠速污染物测量结果。对于使用闭环控制电子燃油喷射系统和三元催化转化器技术的汽车，还应同时读取过量空气系数（λ）的数值。

4）发动机从高怠速降至怠速状态15s后，由具有平均值功能的仪器读取30s内的平均值，或者人工读取30s内的最高值和最低值，其平均值即为怠速污染物测量结果。

双怠速法检测流程参见图1-1。

5）若为多排气管时，取各排气管测量结果的算术平均值作为测量结果。

6）若车辆排气管长度小于测量深度时，应使用排气加长管。

2. 操作要点

1）使用被检车辆规定的燃料预热车辆，测量时发动机冷却液和润滑油温度应达到车辆使用说明书所规定的热状态。

2）检查被检车辆进、排气系统是否符合检测条件要求：进气系统应装有空气滤清器，排气系统应装有排气消声器。进、排气系统不得有泄漏。

3）预热检测仪器、设备并进行自检，确定其达到检测条件。

4）在被检车辆上安置检测仪器的转速、油温等传感器，并检查传感器工作状态。

5）装上长度等于 5.0m 的取样软管和长度不小于 600mm 并有插深定位装置的取样探头。检查取样软管和探头内残留 HC 的体积分数不得大于 20×10^{-6}。检查仪器的取样系统不得有泄漏。

6）按汽车制造厂使用说明书规定的调整法，调至规定的怠速和点火正时。

7）检测过程中，发动机在各转速控制点应运转平稳，转速应控制在 $\pm 100r/min$ 内。

8）探头应在开始测量前插入排气管内，结束后尽快取出，以减少其在排气管内的停留时间。探头插入深度应不小于 400mm。

3. 注意事项

1）应定期检查、更换氧传感器。其有效工作时间应根据检测量和使用时间来确定。

2）应定期检查和更换滤纸、颗粒过滤器。

3）不得随意更改取样软管的长度和内径。对于检测工位较远时，只能延长电源线，而不能延长取样探管。检测时导管不要发生弯折现象。

4）不要在有油或有有机溶剂的地方进行检测，要注意检测地点室内的通风换气，以防人员中毒。

5）检测结束后，抽出取样探头，不得将取样探头放在地面上。待仪表回零后再检测下一台车。

6）关闭仪器电源前，应使气泵运转 2min 以上，以排除残留气体达到清洁的目的。

7）取样探头不用时要吊挂，以防止污染受损。

8）排气分析仪不要放置在湿度大、温度变化大、振动大或有倾斜的地方。

4. 排放限值

在用汽车采用双怠速法进行环保定期检测时，其排气污染物排放限值应满

足表1-2的要求。

二、简易瞬态工况法

1. 检测程序

1）根据需要在发动机上安装冷却液和润滑油测温计等测试仪器。

2）车辆驱动轮应停在转鼓上，将五气分析仪取样探头插入排气管中，插入深度为400mm以上，并固定于排气管上。

3）按照简易瞬态工况法（VMAS）测试试验运行循环开始进行试验，参见图1-3。

① 起动发动机。

按照制造厂使用说明书的规定，使用起动装置，起动发动机。发动机保持怠速运转40s。在40s终了时开始循环，并同时开始取样。

② 怠速。

对于手动或半自动变速器，在怠速期间，离合器接合，变速器置于空档。为了按正常循环进行加速，车辆应在循环的每个怠速后期，加速开始前5s离合器脱开，变速器置于一档。

对于自动变速器，在试验开始时，选择好档位后，在试验期间，任何时候不得再操作变速杆（变速器可以使用超速档工作除外），但若加速不能在规定时间内完成，则应按手动变速器的要求操作变速杆。

③ 加速。

进行加速时，在整个工况过程中，应尽可能地使加速度恒定。若加速度未能在规定时间内完成，如有可能，超出的时间应从工况改变的复合公差允许的时间中扣除，否则，必须从下一等速工况的时间内扣除。

④ 减速。

在所有减速工况时间内，应使加速踏板完全松开，离合器接合，当车速降至10km/h时，离合器脱开，但不操作变速杆。如果减速时间比响应工况规定的时间长，则应使用车辆的制动器，以使循环按照规定的时间进行。如果减速时间比响应工况规定的时间短，则应在下一个等速或怠速工况时间中恢复至理论循环规定的时间。

⑤ 等速。

从加速过渡到下一等速工况时，应避免猛踩加速踏板或关闭油门。等速工况应采用保持加速踏板位置不变的方法实现。

⑥ 结束。

循环终了时（车辆停止在转鼓上），变速器置于空档，离合器接合，同时停止取样。

2. 操作要点

1）在每天开机时或滑行测试前，测功机均应预热。测功机如果停用30min以上，应在下次使用前再次预热。

2）每天应进行一次滑行测试检查，滑行试验合格后方可进行简易瞬态工况的排放检测。

3）在每次开始试验前2min内，应完成泄漏检查、自动调零、环境空气测定和HC残留量的检查。

4）外检时应注意车辆运转状况是否良好，有无影响安全或引起试验偏差的隐患，进、排气系统是否有泄漏，TWC是否有新更换嫌疑，氧传感器接线是否脱落，排气管内是否有水或其他异物堵塞等。

5）准确录入车辆信息及参数，特别是质量参数，因为该参数决定了测功机的加载功率和模拟惯量。

6）检测时应关闭空调、暖风等附属装备，注意冷却液温度、油温状况。操控车速应尽量使用加速踏板，对于手动档车辆应避免使离合器处于半离合状态。应避免紧急制动，采取减速措施时应动作轻柔。在怠速工况时，不要踩下加速踏板提高怠速转速。

7）应充分利用车速的允许误差，起步、换档应迅速、轻柔、不粗暴。

8）检测开始前，应该先使车辆摆正并限位后，再插取样管和流量管；检测结束后应该先取取样管和流量管，再解除车辆限位。

3. 注意事项

1）应定期检查、更换氧传感器。其有效工作时间应根据检测量和使用时间来确定。应定期检查和更换滤纸、颗粒过滤器。

2）应检查［CO］+［CO_2］<6%是否会终止检测，防止检测作弊。

3）注意车辆加载功率是否与被录入的基准质量相一致。特别是基准质量大于1.7t的非轿车，时速50km/h时的轮边功率应乘以1.3。

4）不得随意更改取样软管的长度和内径。当取样软管插入深度不够时，应添加加长管或特殊取样探头，以保证取样准确。

5）应保持流量计的排气通畅，预防因流量计背压过大导致检测数据的不准确。流量管应完全包围排气管，不使排气管排出的废气泄漏。

6）检测过程中应注意观察车辆温度，气温超过22℃时应对老龄车辆或车况较差的车辆进行吹风冷却，同时还要注意对测功机进行冷却。

7）湿胎在进行工况测试前，应对驱动轮胎进行干燥处理。

8）检测结束后，应减速滑行，切勿紧急制动，预防车辆弹出，损坏测功机同步带。

9）检测结束后，抽出取样探头，不得将取样探头放在地面上。待仪表回零后再检测下一台车。

10）关闭仪器电源前，应使气泵运转 2min 以上，以排除残留气体达到清洁的目的。

11）取样探头不用时要吊挂，以防止污染受损。

4. 排放限值

在用汽车采用简易瞬态工况法进行环保定期检测时，其排气污染物排放限值参见表 1-8、表 1-9。

三、自由加速法

自由加速法包括滤纸烟度法和不透光烟度法。

1. 自由加速滤纸烟度法

（1）检测程序

1）安装取样探头，将取样探头固定于排气管内，插深等于 300mm，并使其中心线与排气管轴线平行。

2）吹除积存物，在发动机怠速下，迅速但不猛烈地踩下加速踏板，使喷油泵供给最大油量。在发动机达到调速器允许的最大转速前，保持此位置。一旦达到最大转速，立即松开加速踏板，使发动机恢复至怠速。往复进行三次，以清除排气系统中的积存物。

3）测量取样，将抽气泵开关置于加速踏板上，按自由加速工况循环测量四次，取后三次读数的算术平均值，即为所测烟度值。

4）当汽车发动机出现黑烟冒出排气管的时间和抽气泵开始抽气的时间不同步的现象时，应取最大烟度值。

自由加速滤纸烟度法检测流程参见图 1-4。

（2）操作要点

1）当自由加速时，应将加速踏板迅速但不猛烈地踩到底并维持 4s 以上，应等发动机转速降到怠速后再进行第二次加速。

2）前三次自由加速的目的在于将气缸及排气管中堆积的颗粒物吹出，取样探头应在三次吹拂后插入排气管。

3）波许烟度计的工作循环如下：

① 抽气泵抽气，由抽气泵开关控制，抽气动作和自由加速工况同步。

② 滤纸走位，每次抽气完毕后应松开滤纸夹紧机构，把烟样送至试样台。

③ 抽气泵回位，可以手动也可以自动，以准备下一次抽气。

④ 滤纸夹紧，抽气泵回位后手动或自动将滤纸夹紧。

⑤ 指示器读数，烟样送至试样台后由指示器读出烟度值。

4）应于 20s 内完成 1 次取样循环，对于手动烟度计，读数可以在全部取样完成后一并进行。

5）检测完成后应使用压缩空气清洗取样气道。清洗压缩空气的压力应为300～400kPa。

（3）注意事项

1）可以采用至少三次自由加速过程或等效办法，以清除排气系统中的积存物。

2）取样探头插入时应避免与排气管壁刮擦，防止管壁内积存物刮入探头内，探头尾端应设置翼翅，使探头不与管壁接触。

3）检测时应注意抽气时刻与排烟同步，如不同步时，应在最大排烟时抽取气样进行检测。

4）应将抽气泵开关固定在加速踏板上方，保持加速踏板与开关的同步。

5）检测时应进行驻车制动。

6）清洗用压缩空气应保持清洁，可在气路上设置滤清器。

7）注意观察车辆提速情况，发现异常时应检查喷油泵铅封及燃油品质。

2. 自由加速不透光烟度法

（1）检测程序

1）自由加速不透光烟度法的检测程序参考自由加速滤纸烟度法。

2）不透光烟度法的取样探头插入深度为 400mm。

自由加速不透光烟度法检验流程参见图 1-5。

（2）操作要点

1）自由加速时必须在 1s 内，将加速踏板快速、连续地完全踩到底，使喷油泵在最短时间内供给最大油量。

2）发动机包括所有装有废气涡轮增压的发动机，在每个自由加速循环的起点均处于怠速状态。对重型发动机，将加速踏板放开后至少等待 10s。

3）对每一个自由加速测量，在松开加速踏板前，发动机必须达到断油点转速。对带自动变速器的车辆，则应达到制造厂申明的转速（如果没有该数据，则应达到断油转速的 2/3）。

关于这一点，在测量过程中必须进行检查，例如，通过监测发动机转速，或延长加速踏板踩到底后与松开加速踏板前的间隔时间，对于重型汽车，该间隔时间应至少为 2s。

4）计算结果取最后三次自由加速测量结果的算术平均值。在计算均值时可以忽略与测量均值相差很大的测量值。

（3）注意事项

1）可以采用至少三次自由加速过程或等效办法，以清除排气系统中的积存

物。吹拂后不应长时间怠速，以免燃烧室温度降低或积污。

2）取样探头插入时应避免与排气管壁刮擦，防止管壁内积存物刮入探头内，探头尾端应设置翼翅，使探头不与管壁接触。

3）引车员应严格按照 TEL 屏指令操作，并确保踩加速踏板的位置和时间符合规定要求。应注意抽气时刻与排烟的同步，如不同步时，应在最大排烟时抽取气样进行检测。

4）应将抽气泵开关固定在加速踏板上方，保持加速踏板与开关的同步。

5）检测时应进行驻车制动。

6）清洗用压缩空气应保持清洁，可在气路上设置滤清器。

7）测量单元不应放置在废气扩散的方向上，应与之保持直角。

3. 自由加速法排放限值

在用汽车采用自由加速法（滤纸烟度法及不透光烟度法）进行环保定期检测时，其排气污染物排放限值参见表 1-3。

四、加载减速工况法

1. 检测程序

采用加载减速法进行排放检验，需要进行预检（外检）、待检和检测三个环节。

（1）预检（外检）

1）车辆唯一性检查。

2）安全检查。

① 仪表检查。

② 制动效能检查。

③ 车身和车辆结构检查。

④ 发动机系统检查。

⑤ 变速器系统检查。

⑥ 驱动轴和轮胎系统检查。

3）中断车上所有主动型制动功能和转矩控制功能（自动缓速器除外），例如中断防抱死制动系统（ABS）、电子稳定程序（ESP）等。

4）关闭车上所有以发动机为动力的附加设备，或切断其动力传递机构。

（2）待检

1）检查检测系统，判断底盘测功机是否能够满足待检车辆的功率要求，同时检查检测系统的工作状态是否正常。

2）车辆驶入、就位。

① 举起测功机升降板，并将转鼓牢固锁好。

② 将车辆驾驶到底盘测功机上，并将驱动轮置于转鼓中央位置。

③ 放下测功机升降板，松开转鼓制动器。待完全放下升降板后，缓慢驾车使受检车辆的车轮与试验转鼓完全吻合。

④ 轻踩制动踏板使车轮停止转动，发动机熄火。

⑤ 按照测功机设备商的建议将非驱动轮楔住，系扣车辆安全限位装置。对前轮驱动的车辆，应有防侧滑措施。

⑥ 应为受检车辆配备辅助冷却风扇，应掀开大型机动车的发动机舱盖板，保证冷却空气流通顺畅，以防止发动机过热。

3）检测准备。

① 连接好发动机转速传感器、油温传感器等，以测量发动机转速。

② 检查用于通信的系统是否能够正常工作。

③ 如果发动机冷却液温度低于正常温度，应进行发动机预热操作。这时需要将测功机切换到手动控制模式，检测驾驶人应在小负荷下预热发动机，直到冷却液的温度达到制造厂规定的正常温度范围为止。

④ 变速器置于空档，踩加速踏板，逐渐增大油门直到开度达到最大，并保持在最大开度状态，记录这时发动机的最大空载转速，然后松开加速踏板，使发动机回到怠速状态。

⑤ 发动机熄火，变速器置于空档，检查不透光烟度计的零刻度和满刻度。检查完毕后，将合适尺寸的取样探头插入受检车辆的排气管中，注意连接好不透光烟度计，取样探头的插入深度不得低于400mm。不应使用太大尺寸的取样探头，以免受检车辆的排气背压过大，影响输出功率。在检测过程中，必须将取样气体的温度和压力控制在规定的范围内，必要时可对取样管进行适当冷却，但要注意不能使测量室内出现冷凝现象。

（3）检测

1）使用前进档驱动被检车辆，使油门处于全开位置时，测量该档位最高稳定车速。

2）变换档位，测量该档位最高稳定车速；比较不同档位最高稳定车速，选择最高稳定车速最接近70km/h 但不超过100km/h 的档位。对于装有自动变速器的车辆，应注意不要在超速档下进行测量。

3）保持油门处于全开位置并按下起动键开始测量。检测系统自动进行轮边功率扫描后开始排放检测。

4）排放检测系统会在 VelMaxHP 点、90% VelMaxHP 点和80% VelMaxHP 点状态下进行检测。

5）检测结束后，松开加速踏板，将变速器置于空档，使发动机怠速，车辆停止运转。

加载减速工况法检验流程图如图4-2所示。

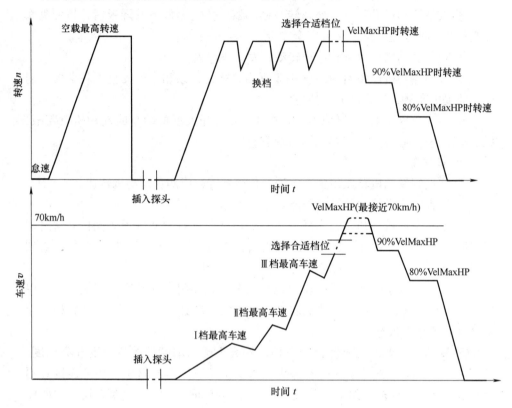

图4-2　加载减速工况法检验流程图

（4）控制系统流程

检测开始后控制系统的控制流程如下：

1）将此时的发动机转速设定为最大发动机转速（MaxRPM）。并根据输入的发动机标定转速，计算最大功率下的转鼓线速度（VelMaxHP）：

$$VelMaxHP = 当前转鼓线速度 × 发动机标定转速/MaxRPM \qquad (4-1)$$

2）根据下式确定所需最小轮边功率：

$$所需最小轮边功率 = 发动机标定功率 × （100\% - 功率损失百分比） \qquad (4-2)$$

如果没有特殊要求，功率损失百分比的默认值为50%。

在测功机加载之前，通过输入的发动机标定转速和发动机标定功率确定转鼓表面的最大力和测功机的吸收功率。在进行污染物检测前确认转鼓和测功机是否可以接受该力和功率。如果最大力或功率超过了测功机的检测能力，将终止测试程序并输出下列信息："检测暂停：功率/力超过了测功机的检测能力"。

3）如果通过了上述检测，检测控制系统将自动控制测功机开始加载减速过程。

① 首先自记录的 MaxRPM 转速开始进行功率扫描，以确定实际峰值功率下的发动机转速。

② 在速度控制模式下，当转鼓速度大于计算的 VelMaxHP 时，速度变化率不得超过 0.5km/h/s；如果转鼓速度低于计算的 VelMaxHP 时，速度变化率不得超过 1.0km/h/s。在任何时候，转鼓的速度变化率都不得超过 2.0km/h/s。通常对每个速度变化段都允许有 1s 的稳定时间，并记录相关的数据。

③ 在每一个速度变化段的最后时刻，记录发动机转速、转鼓线速度、转鼓表面制动力（用于计算吸收功率）和光吸收系数 k 数值。并显示吸收功率随时间变化的真实轨迹和光吸收系数 k 与发动机转速的关系曲线，将这些数据储存在数据区中，以便能够重现上述曲线。

④ 如果采用动态扫描的方法进行发动机的功率曲线扫描，必须在发动机转速处于 MaxRPM 时开始扫描。并且需要指定平均扫描速率，平均扫描速率通常应小于 2.0km/h/s。

当进行功率扫描时，检测系统显示吸收功率和排气污染物测量值随发动机转速变化的实时关系曲线。同时在功率随发动机转速变化的实时曲线上确定最大轮边功率，并将扫描得到的最大轮边功率时的转鼓线速度记为真实的 VelMaxHP。

⑤ 在获得真实的 VelMaxHP 之后，继续进行功率扫描过程，直到转鼓线速度比实际的 VelMaxHP 低 20% 为止。

⑥ 在结束了功率扫描并确定了真实的 VelMaxHP 后，控制系统会改变测功机负载，并控制转鼓速度回到真实的 VelMaxHP 值，以进行加载减速检测。系统按照同样的次序完成对以下三个速度段的检测：真实的 VelMaxHP、90% 的 VelMaxHP 和 80% 的 VelMaxHP。在三个检测工况的过渡过程中，转鼓速度变化率最大不超过 2km/h/s。

⑦ 将在三个检测速度段的测量得到的光吸收系数 k、发动机速度、转鼓线速度和轮边功率的数据作为检测结果。每个检测点，在读数之前转鼓速度应至少稳定 3s，光吸收系数 k、发动机转速和轮边功率数据则在转鼓速度稳定后读取 5s 内的平均值。

⑧ 在取样期间，转鼓速度应稳定在目标值 ±0.5% 的范围内。

⑨ 加载检测过程结束后，测功机的拉压传感器感应到制动力的衰减超过了 50%，控制系统就会将测功机控制器转换到速度控制模式，并以 5km/h/s 的变化率使转鼓停止转动。

2. 操作要点

1）必须进行预检，预检不合格严禁上线检测。预检中车辆安全检查项目如图 4-3 所示。

2）在整个检测过程中，加速踏板的操作应迅速、轻柔、不粗暴。检测开始

图 4-3　预检中车辆安全检查项目

后，无异常情况下不能松动加速踏板。

3）选择档位时，应选取邻近两档进行最高车速比对，选取最接近 70km/h 的档位作为试验档位。检测开始后，无异常情况下不能更换档位。如果两个档位的接近程度相同，检测时需选用低速档。

3. 注意事项

1）在检测过程中，检测人员应密切关注车辆温度及异响，发现任何异常情况时应迅速松开加速踏板降低车速，终止检测。

2）检测前应中断车上所有主动型制动功能和转矩控制功能（自动缓速器除外），例如中断防抱死制动系统（ABS）、电子稳定程序（ESP）等；关闭车上所有以发动机为动力的附加设备，或切断其动力传递机构。

3）检测时车辆为空载，汽车列车应去除挂车。

4）对非全时四轮驱动车辆，应选择后轮驱动方式。

5）在台架上严禁倒车、严禁紧急制动。

6）应注意对车辆和测功机进行吹拂降温。

4. 压燃式发动机在用汽车加载减速法排放限值

压燃式发动机在用汽车加载减速法排放限值参见表 1-10。

第三节　在用机动车环保定期检验设备技术要求

一、双怠速法

按照 HJ/T 289—2006《汽油车双怠速法排气污染物测量设备技术要求》的规定，双怠速法所要求的排放测试设备（EIS）包括排气分析仪和计算控制系统，能够按照双怠速法的检测程序检测汽车排气中 CO、CO_2、HC（用正己烷当量表示）和 O_2 四种成分的体积分数（或浓度），并能按规定计算过量空气系数（λ）值。

CO、CO_2、HC 体积分数的测量应该采用不分光红外线法（NDIR），O_2 体积分数的测量采用电化学法。应该具有内置发动机转速和机油温度测量功能和转速、机油温度信号输入端口。取样探头应能经受排气高温，并具有限位和固定装置。汽车排气分析仪如图 4-4 所示。

图 4-4　汽车排气分析仪

1. 排气分析仪和取样系统技术要求

（1）排气分析仪和取样系统主要组成部件要求

排气分析仪和取样系统的主要组成部件至少应包括：取样探头，取样软管，颗粒过滤器，水分离器，［CO］、［CO_2］和［HC］传感器，［O_2］传感器，气体压力传感器（或流量计），相应的可控电磁阀和可控泵，校准端口，检查端口，发动机转速传感器（或输入端口），机油温度传感器（或输入端口）等。

（2）取样系统技术要求

1）取样系统总体功能技术要求如下：

① 取样系统应保证可靠耐用，无泄漏，易于保养。

② 对于独立工作的汽车双排气管应采用 Y 形取样管的对称双探头同时取样。应保证两份取样管内的样气同时到达总取样管，两份取样管内的样气流速差异应不超过 10%。

2）取样系统密封性要求如下：

① 当进行密封性检测时，若发现有泄漏，应能方便、及时地检修。

② 在把高量程校准气体引入探头的状态下，取样系统渗透量应较小，能够使排放测试设备（EIS）记录的各通道稳定读数与高量程校准气体的相对误差满足排气分析仪示值误差的要求。

③ 当人为使取样系统产生微少泄漏，使排气分析仪的读数减少 1% 时，不应通过密封性检测，且排放检测程序不能往下运行。

3）取样系统的压力要求如下：

取样系统沿程损失会导致压力的变化。压力变化的影响应使排放测试设备（EIS）所记录的 HC、CO 和 CO_2 的体积分数读数在不同压力条件下与（0 ± 0.7）kPa 条件下读数的相对误差不超过 1.5%。

4）取样系统气流低流量要求如下：

① 排放测试设备（EIS）应有低流量指示，并在流量达到要求后无低流量指示。

② 通过气流调节阀调节管路气流，在排放测试设备（EIS）上指示出低流量时，所有气体分析通道在达到基本读数的 90% 时响应时间均不超过 11s，同时任意一气体读数与基本读数的相对误差不大于 3%。

5）取样系统对 HC 残留量的要求如下：

① 每一次检测后，HC 的体积分数的读数在 20s 内应下降到 20×10^{-6} 或以下。

② 在进行实际排放检测前，检测系统应锁止直至 HC 的体积分数的读数下降到 7×10^{-6} 或以下。

（3）取样管的技术要求

1）取样管长度应为 4 ~ 6m。

2）直接接触排气的取样管材料应是无气孔的。取样管应是易弯曲的，不易打结和压裂。

3）取样管路应采用不存留排气、不改变尾气样气成分与浓度的材料制造，即不得以任何方式吸附、吸收样气，影响样气成分或与样气产生反应。

4）取样管外表面应具有耐磨性涂层，能适应检测站使用场合中常见的环境条件和使用条件的要求。取样管与取样探头和排气分析仪的连接应可靠，拆卸方便，便于更换。

5）一至少重 2000kg 的汽车以 5 ~ 8km/h 的速度在垂直于软管的方向上两次压过取样软管时，被试软管应无永久性变形或绞缠，能迅速恢复原来的放置形

状和截面形状，不产生损坏和其他不正常情况，如内芯损坏或分层等。

6）把被试软管的一部分绕成直径为230mm的圆圈，外力解除后，被试软管不应绞缠形成圆圈。

（4）取样探头技术要求

1）取样探头的长度应保证能插入排气管400mm的深度。必要时，为使取样准确，取样探头应配备排气管的外接管，但排气管和外接管的连接应可靠密封，且允许取样探头能插深400mm。取样探头插入排气管后，应保证取样探头基本居于排气管中间位置。

2）取样探头应带有固定装置，易于把取样探头固定在排气管上。取样探头及其固定装置的设计应保证操作员不借助工具的情况下，易于插入和拔出取样探头。取样探头把手应是隔热的。

3）取样探头应具有一定的挠性，以便插入不同弯曲程度的排气管。取样探头的端头应有防护，以免取样探头插入时排气管的残留物进入取样探头。取样探头的结构应能和12.7mm内径的检查气引入软管很好地连接，且不产生泄漏。取样探头应配备探头端头密封帽或其他端头密封装置，探头端头密封帽或其他端头密封装置一般应放在探头把手处。

4）取样探头应能承受600℃的高温达5min，且无永久性损坏的痕迹和功能上的变化，无任何对探头预期寿命有害的变化。若取样探头或连接接头由不同的线胀系数的金属制成，则这些金属线胀系数的差别不得大于5%。

5）将取样探头插入排气管400mm进行测试，其测试结果与只插入100mm时的测试结果之差应小于系统误差要求。

（5）排气分析仪的主要功能和规格技术要求

1）排气分析仪的组成应包括自动测量CO、HC、CO_2和O_2的四种气体浓度传感器。HC的浓度单位为10^{-6}vol正己烷，CO、CO_2和O_2的浓度单位为% vol。

2）对于［CO］、［HC］和［CO_2］应采用不分光红外法（NDIR）进行测试，［O_2］应采用电化学法进行测试。

3）排气分析仪能进行润滑油和冷却液温度的测量。

4）排气分析仪的工作温度范围为0~40℃，湿度范围为0~85%，大气压力为80~110kPa。

5）当电源电压在198~242V、频率在（50±1）Hz范围内变化时，排气分析仪各通道的示值与其在220V供电时相应通道的示值之差应不大于允许误差的50%。

6）排气分析仪电源线对外壳搭铁点的绝缘电阻值应大于40MΩ；排气分析仪在1500V（有效值）、50Hz正弦波试验电压下持续1min，不得出现击穿或重复飞弧现象，电晕放电效应及类似现象可忽略不计。排气分析仪泄漏电流值不大于5mA。

7）排气分析仪应在通电后30min内达到稳定，在未经调整的5min内，零位

及［CO］、［HC］和［CO$_2$］传感器的量距点读数应稳定在误差要求的范围内。

8）排气分析仪应有校准通道及通道接口，以便与标准气瓶相连，应能对 CO、HC、CO$_2$ 和 O$_2$ 四种气体的浓度进行校准。

9）排气分析仪最好应有多个校准通道接口，包括高量程气体校准接口、低量程气体校准接口、零空气和环境空气校准接口等。若排气分析仪只提供一个校准接口，排放测试设备（EIS）应指示操作员正确地操作，如清洗所应连接的标准气瓶等。

10）颗粒过滤器对样气中直径为 5μm 及以上的颗粒物的滤清效果应不低于 97%。过滤元件应不吸附或吸收 HC。

11）水分离器应能连续去除排气样气中的冷凝水，保证取样系统和各气体传感器中无水冷凝现象，对于车用汽油、汽油-酒精混合燃料、丙烷、天然气、其他替代燃料和氧化燃料等均有效。滤芯和滤芯罩对上述这些燃料以及这些燃料的废气应是惰性的。

12）排气分析仪应有气体检查功能。

13）排气分析仪应具有清洗功能，在对排气分析仪进行校准/检查之前、之后和之间，都应对排气分析仪进行清洗。

（6）排气分析仪的性能技术要求

1）排气分析仪通电至预热结束、指示出现所用的时间不超过 30min。在预热期间，系统锁止并有预热指示。

2）排气分析仪 1h 的零点漂移不得超过规定误差要求。在 10min 的周期内无峰值超过规定误差要求的 1.5 倍。

3）量程漂移不得超过规定的误差要求。

4）系统响应时间要求：［HC］、［CO］和［CO$_2$］通道，T_{95} 不大于 15s；［O$_2$］通道，T_{10} 不大于 60s。

5）排气分析仪对每一通道的 15 个连续测量数据，其均值应满足表 4-1 的误差要求。

表 4-1　均值的误差要求

通道	［HC］	［CO］	［CO$_2$］	［O$_2$］
误差（%）	8.19	5.82	6.11	8.43

6）重复测试 20 次，排气分析仪的测试结果标准差不超过规定误差的 1/3。

7）排气分析仪的线性度应满足表 4-2 的要求。

8）测试值超过均值 200% 的数据数量不超过 5%。

（7）排气分析仪的量程及测量范围要求

排气分析仪的分辨力和测量范围要求见表 4-3，排气分析仪示值误差要求见表 4-4，排气分析仪的转速和机油温度示值误差要求见表 4-5。

表4-2 排气分析仪线性度要求

[HC]	范围	$0 \sim 1400 \times 10^{-6} \text{vol}$	[CO₂]	范围	$0 \sim 10\% \text{vol}$
	相对误差	$\pm 1.5\%$		相对误差	$\pm 1.2\%$
	绝对误差	$3 \times 10^{-6} \text{vol}$		绝对误差	$0.2\% \text{vol}$
[CO]	范围	$0 \sim 7.00\% \text{vol}$	[O₂]	范围	$0 \sim 25\% \text{vol}$
	相对误差	$\pm 1.5\%$		相对误差	$\pm 2.3\%$
	绝对误差	$0.02\% \text{vol}$		绝对误差	$0.2\% \text{vol}$

表4-3 排气分析仪的分辨力和测量范围要求

[HC] (10^{-6}vol)		[CO] $(\%\text{vol})$		[CO₂] $(\%\text{vol})$		[O₂] $(\%\text{vol})$	
分辨力	1	分辨力	0.01	分辨力	0.1	分辨力	0.1
测量范围	$0 \sim 9999$	测量范围	$0 \sim 10$	测量范围	$0 \sim 20$	测量范围	$0 \sim 25$

表4-4 排气分析仪示值误差要求

气 体 浓 度	相 对 误 差	绝 对 误 差
[HC]	$\pm 5\%$ [低量程、$(2 \sim 2000) \times 10^{-6}\text{vol}$]	$\pm 12 \times 10^{-6}\text{vol}$
	$\pm 10\%$ [高量程、$(>2000 \sim 9999) \times 10^{-6}\text{vol}$]	—
[CO]	$\pm 5\%$	$\pm 0.06\% \text{vol}$
[CO₂]	$\pm 5\%$	$\pm 0.5\% \text{vol}$
[O₂]	$\pm 5\%$	$\pm 0.1\% \text{vol}$

表4-5 排气分析仪的转速和机油温度示值误差要求

项 目	测量范围	误 差	项 目	测量范围	误 差
转速/(r/min)	$0 \sim 1000$	± 10	机油温度/℃	$60 \sim 90$	± 2
	>1000	测量值的 $\pm 1\%$		其他	± 5

2. 计算控制系统技术要求

1）计算控制系统应具有自动控制功能，自动实现双怠速的检测流程。

2）计算控制系统应具有数据自动采集、处理和显示功能。取样频率至少应为1Hz。

3）过量空气系数 λ 值按式（4-3）进行计算，并按4位数字显示。

$$\lambda = \frac{[\text{CO}_2] + \dfrac{[\text{CO}]}{2} + [\text{O}_2] + \left\{\left[\dfrac{H_{CV}}{4} \times \dfrac{3.5}{3.5 + \dfrac{[\text{CO}]}{[\text{CO}_2]}} - \dfrac{O_{CV}}{2}\right] \times ([\text{CO}_2] + [\text{CO}])\right\}}{\left(1 + \dfrac{H_{CV}}{4} - \dfrac{O_{CV}}{2}\right) \times \left\{([\text{CO}_2] + [\text{CO}]) + K_1 \times [\text{HC}]\right\}}$$

(4-3)

式中 ［ ］——尾气中各气体成分的体积分数，以%为单位，仅对 HC 以 10^{-6} 为
单位；

K_1——HC 的转换因子，若以 10^{-6} 正己烷（C_6H_{14}）作等价表示，该值
等于 6×10^{-4}；

H_{CV}——燃料中氢和碳的原子比，根据不同的燃料可选，汽油：1.726；
LPG：2.525；NG：4.0；

O_{CV}——燃料中氧和碳的原子比，根据不同的燃料可选，汽油：0.0176；
LPG：0；NG：0。

4）过量空气系数 λ 值的计算准确度应符合表 4-6 的要求。

表4-6 λ 值计算准确度的要求

λ 取值范围	0.85 ~ 0.97	0.97 ~ 1.03	1.03 ~ 1.20
示值误差	±2%	±1%	±2%

5）计算控制系统应具有丙烷当量系数（PEF）自动计算功能。

6）计算控制系统应具有环境空气测定功能。

7）计算控制系统应具有背景空气测定功能，并可确定背景空气的污染物水平和［HC］残留量。

8）计算控制系统应有密封性监控程序和检测功能，当泄漏量超过最大允许值时应自动中止测量。

9）计算控制系统应有低流量检测功能，流量低于要求是不能检测的。

10）当［HC］的残余量大于 20×10^{-6} vol 时，系统应自动停止测量。

二、简易瞬态工况法

按照 HJ/T 290—2006《汽油车简易瞬态工况法排气污染物测量设备技术要求》的规定，简易瞬态工况法所要求的设备包括一个至少能模拟加速惯量和匀速负荷的底盘测功机、一个五气分析仪和一个气体流量分析仪组成的取样分析系统，以及操作控制系统和其他辅助设备。简易瞬态工况法汽车尾气检测系统的组成如图 4-5 所示。

简易瞬态工况法排气污染物测量系统可以按照规定的检测程序检测汽车在负荷工况下排气污染物中 CO、CO_2、HC（用正己烷当量表示）和 O_2、NO 五种成分的排放物质量。

1. 底盘测功机的技术要求

（1）总体要求

1）用于简易瞬态工况的底盘测功机要求至少能模拟车辆在道路行驶的加速

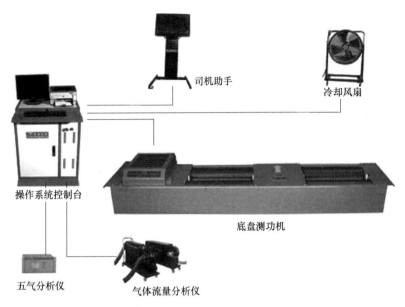

司机助手

冷却风扇

操作系统控制台

底盘测功机

五气分析仪

气体流量分析仪

图 4-5 简易瞬态工况法汽车尾气检测系统的组成

惯量，即底盘测功机通过控制功率吸收单元模拟车辆在道路上匀速和加速工况，通过基本飞轮部分模拟减速工况，或者可以采用能够模拟车辆在道路行驶的全惯量的底盘测功机。

2）测功机最大功率要保证在 100km/h 时不小于 56kW，最大安全测试速度为 130km/h。

3）测功机的设计应保证在 0～40℃ 的环境温度下能够正常工作。

4）底盘测功机的主要组成部件至少应包括：功率吸收装置及其控制器、滚筒、机械惯量装置、驱动电动机、转速传感器、举升器及其制动装置、传动装置和侧向限位装置等。

5）当底盘测功机安装处于水平位置，在纵向方向和横向方向上最大倾角不超过 ±5°，不应使车辆产生任何可察觉的或可能妨碍车辆正常运行的振动。

（2）底盘测功机的主要功能和规格要求

1）底盘测功机的框架应有足够的强度和刚度，应保证施加于驱动轮上的水平、垂直方向的力对车辆的排放水平没有显著影响。

2）底盘测功机应有很高的可靠性设计。

3）底盘测功机应具有自动加载的功能。

4）底盘测功机控制器对滚筒转速和总吸收功率的数据采集频率不低于 10Hz。

5）底盘测功机应配备防止车辆侧向移动的限位装置，该限位装置能在车辆

任何合理的操作条件下进行侧向安全限位，且不损伤车轮或车辆其他部件。

6）应配备辅助冷却装置，该冷却风机的送风口直径应不超过 760mm，风机通风量不低于 85m³/min 或平均风速不低于 4.5m/s（取两者的大值）。冷却风机与车辆的距离为 1m 左右为宜。冷却风机的噪声应符合我国相应法规的要求。

7）底盘测功机应有起吊挂钩，且应保证在任何合理的底盘测功机起吊操作条件下，底盘测功机基本处于水平位置。

8）底盘测功机电气系统应能防水、防振动、防过热、防过电压、防过电流、防电磁干扰，应可靠地搭铁，应有通电指示灯。

9）底盘测功机应能方便保养和维修。

10）电源适应性。额定电压：220V ×（1 ± 10%），单相；或 380V ×（1 ± 10%），三相；频率：（50 ± 1）Hz。

11）环境适应性。工作温度范围为 0 ~ 40℃，工作相对湿度范围为 0 ~ 85%，大气压力为 80 ~ 110kPa。

（3）功率吸收装置吸收功率技术要求

1）功率吸收装置的吸收功率范围应能够在车速大于或等于 22.5km/h 时，稳定吸收至少 15.0kW 的功率持续 5min 以上，并能够连续进行至少 10 次试验，两次试验之间的时间间隔为 3min。

2）每一次底盘测功机吸收功率的绝对误差都应不超过 ±0.2kW 或相对误差不超过 ±2%（取两者中的大值）。

3）在 24km/h 和 40km/h 的测试车速下，总吸收功率 P_a 至少可以以 0.1kW 的增量调节。

4）当环境温度在 0 ~ 40℃ 范围内时，经预热后底盘测功机的总吸收功率误差在试验开始后的 15s 内应不超过 ±0.4kW，在 30s 内应不超过 ±0.2kW 或设定功率的 ±2% 以内（取两者中的较大值）。

5）当环境温度在 0 ~ 40℃ 范围内时，底盘测功机在冷状态下工作与预热后工作时的总吸收功率误差应不超过 ±0.2kW。

（4）滚筒规格技术要求

1）底盘测功机应使用双滚筒结构，滚筒直径介于 200 ~ 530mm 范围内。机械惯性飞轮与滚筒的速比为 1:1。

2）前、后、左、右滚筒的耦合可以采用机械或电力方式，前、后滚筒的速比为 1:1，同步精度为 ±0.16km/h。

3）滚筒中心距应满足：

$$A = (620 + D)\sin 31.5° \tag{4-4}$$

式中　A——滚筒中心距（mm）；

　　　D——滚筒直径（mm）。

滚筒中心距误差应在 −6.4 ~ 12.7mm 范围内。

4）底盘测功机的滚筒内跨距和外跨距应满足轻型车排放检测的要求。

5）每侧主滚筒 5 点直径中最大直径和最小直径之差不大于 0.2mm，左、右两侧主滚筒平均直径之差不大于 0.2mm。

6）滚筒表面径向圆跳动 $\delta_J \leqslant 0.2\%$。

7）前后滚筒内侧母线平行度 $L_H \leqslant 1mm/m$。

8）滚筒的表面处理和硬度应保证在任何天气条件下，轮胎与滚筒之间不打滑，以保证行驶距离和转速测量的准确度，还应要求滚筒对轮胎的磨损小，噪声低。

（5）基本惯量技术要求

1）底盘测功机应配备机械惯量飞轮或电惯量，实际基本惯量应在（907.2 ± 18.1）kg 范围内。

2）底盘测功机的标牌上标明的基本惯量应在（907.2 ± 18.1）kg 范围内。

3）基本惯量与 907.2kg 之间的偏差应当量化，并对加载滑行测试时间按照实际基本惯量进行修正。标牌上标明的基本惯量与实际基本惯量的误差应在 ±9.0kg 的范围内。

（6）驱动电动机的功能和规格技术要求

1）在功率吸收装置未加载时，驱动电动机至少应具有把滚筒线速度提高到 56km/h 的能力，并可在该速度下维持 3s。

2）驱动电动机应能带动底盘测功机的所有转动件一起转动。

（7）举升器功能和规格技术要求

1）举升器至少应能可靠地举升起 2750kg 的重物。

2）当举升器处于升起状态时，应能使车辆方便地驶入或退出底盘测功机。当举升器处于落下状态时，应能使车轮不和举升器上表面相接触。当滚筒处于转动状态时，举升器不能升起。

3）举升器应配有制动器，保证举升器处于升起状态时，能可靠地制动住滚筒，且保证举升器处于落下状态时，制动器完全与滚筒脱离接触，不得产生制动力矩。

（8）最大允许轴重和最大车速技术要求

1）底盘测功机应能测试最大轴荷为 2750kg 的车辆。

2）底盘测功机最大测试车速不低于 130km/h。

（9）滚筒转速测量装置技术要求

1）底盘测功机应有滚筒转速测量装置，用于测量滚筒转动的角速度，并换算成滚筒表面的速度。

2）主滚筒线速度绝对误差 $|\Delta v| \leqslant 0.2km/h$ 或相对误差 $\delta \leqslant 0.5\%$，取大值。

3）主、副滚筒同步性：$|\Delta v_{M-T}| < 0.30km/h$。

2. 五气分析仪和取样系统技术要求

（1）五气分析仪和取样系统的主要组成部件要求

五气分析仪和取样系统的主要组成部件至少应包括：取样探头，取样软管，颗粒过滤器，冷凝器，水分离器，［CO］、［CO_2］和［HC］传感器，［O_2］传感器，［NO］传感器，气体压力传感器，相应的可控电磁阀和可控泵，反吹装置，校准端口，检查端口，发动机转速传感器端口（可选件）等。

（2）取样系统技术要求

1）取样系统应保证可靠耐用，无泄漏，易于保养。

2）对独立工作的汽车双排气管应采用 Y 形取样管的对称双探头同时取样。应保证两份取样管内的样气同时到达总取样管，两份取样管内的样气流速差异应不超过 10%。

3）取样系统的密封性要求如下：

① 当进行密封性检测时，若发现有泄漏，应能方便及时检修。

② 在把高量程校准气体引入探头的状态下，取样系统渗透量应较小，能够使排放测试设备（EIS）记录的各通道稳定读数与高量程校准气体的相对误差应满足五气分析仪示值误差的要求。

③ 在人为使取样系统产生微少泄漏，使五气分析仪的读数减少 1% 时，不应通过密封性检测，且排放检测程序不能往下运行。

4）取样系统的压力要求如下：

取样系统沿程损失会导致压力的变化。压力变化的影响应使排放测试设备（EIS）所记录 HC、CO 和 CO_2 的体积分数的读数在不同压力条件下与（0 ± 0.7）kPa 条件下读数的相对误差不超过 1%。所记录 NO 的体积分数的读数相对误差不超过 2%。

5）取样系统气流低流量要求如下：

① 排放测试设备（EIS）应有低流量指示，并在流量达到要求后无低流量指示。

② 通过气流调节阀调节管路气流，在排放测试设备（EIS）上指示出低流量时，所有气体分析通道在达到基本读数的 90% 时响应时间均不超过 11s，同时任意一气体读数与基本读数的相对误差不大于 3%。

6）取样系统对 HC 残留量的要求如下：

① 对每一次检测后，HC 的体积分数的读数在 20s 内应下降到 20×10^{-6} 或以下。

② 在进行实际排放检测前，检测系统应锁止直至 HC 的体积分数的读数下降到 7×10^{-6} 或以下。

（3）取样管的技术要求

1）取样管长度应为（7.5 ± 0.15）m。

2）直接接触排气的取样管材料应是无气孔的。取样管应是易弯曲的，不易打结和压裂。

3）取样管路应采用不存留排气、不改变尾气样气成分与浓度的材料制造，即不得以任何方式吸附、吸收样气，影响样气成分或与样气产生反应。

4）取样管外表面应具有耐磨性涂层，能适应检测站使用场合中常见的环境条件和使用条件的要求。取样管和取样探头与五气分析仪的连接应可靠，拆卸方便，便于更换。

5）一至少重2000kg的汽车以5~8km/h的速度在垂直于软管的方向上两次压过取样软管时，被试软管应无永久性变形或绞缠，应能迅速恢复原来的放置形状和截面形状，不产生损坏和其他不正常情况，如内芯损坏或分层等。

6）把被试软管的一部分绕成直径为230mm的圆圈，外力解除后，被试软管不应绞缠形成圆圈。

（4）取样探头的技术要求

1）取样探头的长度应保证能插入排气管400mm的深度。必要时，为使取样准确，取样探头应配备排气管的外接管，但排气管和外接管的连接应可靠密封，且允许取样探头能插深400mm。取样探头插入排气管后，应保证取样探头基本居于排气管中间位置。

2）取样探头应带有固定装置，易于把取样探头固定在排气管上。取样探头及其固定装置的设计应保证操作员在不借助工具的情况下，易于插入和拔出取样探头。取样探头把手应是隔热的。

3）取样探头应具有一定的挠性，以便插入不同弯曲程度的排气管。取样探头的端头应有防护，以免取样探头插入时排气管的残留物进入取样探头。取样探头的结构应能和12.7mm内径的检查气引入软管很好地连接，且不产生泄漏。取样探头应配备探头端头密封帽或其他端头密封装置，探头端头密封帽或其他端头密封装置一般应放在探头把手处。

4）取样探头应能承受600℃的高温达5min，无永久性损坏的痕迹和功能上的变化，且无任何对探头预期寿命有害的变化。若取样探头或连接接头由不同的线胀系数的金属制成，则这些金属线胀系数的差别不得大于5%。

5）将取样探头插入排气管400mm进行测试，其测试结果与只插入100mm时的测试结果之差，应小于系统误差要求。

（5）五气分析仪的主要功能和规格技术要求

1）五气分析仪的组成应包括自动测量CO、HC、CO_2、NO和O_2五种气体的浓度传感器。HC的浓度单位为10^{-6}vol正己烷，NO的浓度单位为10^{-6}vol，CO、CO_2和O_2的浓度单位为%vol。

2）对于［CO］、［HC］和［CO_2］应采用不分光红外法（NDIR）进行测

试,[NO]和[O_2]应采用电化学法(ECD)进行测试。

3)五气分析仪的取样频率至少应为1Hz。

4)五气分析仪的工作温度范围为0~40℃,湿度范围为0~85%,大气压力为80~110kPa。

5)电源电压在198~242V、频率在(50±1)Hz范围内变化时,五气分析仪各通道的示值与其在220V供电时相应通道的示值之差不大于允许误差的50%。

6)五气分析仪电源线对外壳搭铁点的绝缘电阻值应大于40MΩ;五气分析仪在1500V(有效值)、50Hz正弦波试验电压下持续1min,不得出现击穿或重复飞弧现象,电晕放电效应及类似现象可忽略不计。五气分析仪泄漏电流值不大于5mA。

7)五气分析仪应在通电后30min内达到稳定,在未经调整的5min内,零位及[CO]、[HC]、[NO]和[CO_2]传感器的量距点读数应稳定在误差要求的范围内。

8)五气分析仪应有校准通道及通道接口,以便与标准气瓶相连,应能对CO、HC、NO、CO_2和O_2五种气体的浓度进行校准。校准时应能把读数自动修正到读数误差的中间值。

9)五气分析仪最好应有多个校准通道接口,包括高量程气体校准接口、低量程气体校准接口、零空气和环境空气校准接口等。若五气分析仪只提供一个校准接口,排放测试设备(EIS)应指示操作员正确地操作,如清洗、所应连接的标准气瓶等。

10)颗粒过滤器对样气中直径为5μm及以上的颗粒物的滤清效果应不低于97%。过滤元件应不吸附或不吸收HC。

11)水分离器应能连续去除排气样气中的冷凝水,保证取样系统和各气体传感器中无水冷凝现象,对于车用汽油、汽油-酒精混合燃料、丙烷、天然气、其他替代燃料和氧化燃料等均有效。滤芯和滤芯罩对上述这些燃料以及这些燃料的废气应是惰性的。

12)五气分析仪应有气体检查功能。

13)五气分析仪应有反吹功能,应做到在被试汽车排放检测完成后,启动反吹功能,在正常使用条件下,能在30s内使得取样系统的HC残留量浓度下降到10×10^{-6}vol及以下。当利用底盘测功机所用的空气压缩机作为反吹气源时,五气分析仪最好应配备减压阀,把进入五气分析仪内的压力减小到100kPa表压力左右,以防止过高的空气压力对五气分析仪其他部件的正常工作产生影响。

14)五气分析仪的名义丙烷当量系数(PEF)应在0.490~0.540范围内。

15)五气分析仪应有密封性检测功能,在未通过密封性检测时,五气分析仪应锁止,不能使用。

16)五气分析仪应有低流量检测功能,在未通过低流量检测时,五气分

仪应锁止，不能使用。

17）当五气分析仪的零点漂移量超出分析仪自动调整范围时，五气分析仪应锁止，不能进行测量操作，并需发出检修提示。

18）五气分析仪应具有清洗功能，进行校准/检查之前、之间和之后，都应对五气分析仪进行清洗。

19）当标准气瓶始终和五气分析仪连接时，五气分析仪应具有校准气体在24h内损失不大于0.1L的能力。

20）五气分析仪需安装高压零空气瓶。高压零空气瓶可以安装在操作台的内部或外部。但需满足电气安全使用的要求，对操作员的安全操作不产生影响，不得影响五气分析仪的响应时间。

（6）五气分析仪的性能技术要求

1）五气分析仪通电至预热结束、指示出现所用的时间不超过30min。在预热期间，系统锁止并有预热指示。

2）五气分析仪1h的零点漂移不得超过规定误差要求。在10min的周期内无峰值超过规定误差要求的1.5倍。

3）在第一个小时的测量过程中，量程漂移不得超过规定的误差要求；在第二个和第三个小时的测量过程中，量程漂移不得超过规定误差要求的2/3，或最后有效数字位的两个数字，取大值。

4）五气分析仪的示值波动要满足表4-7的要求。

表4-7　五气分析仪各通道示值波动的要求

通　　道	误差限值	通　　道	误差限值
［HC］	±3.4%或±5×10⁻⁶vol，取大值	［NO］	±4.25%或±27×10⁻⁶vol，取大值
［CO］	±3.32%或±0.03% vol，取大值	［O₂］	±5.26%或±0.2% vol，取大值
［CO₂］	±3.54%或±0.4% vol，取大值		

5）五气分析仪测量传感器的上升响应时间和下降响应时间需满足表4-8的要求。

表4-8　五气分析仪测量传感器的上升响应时间和下降响应时间的要求

项　　目	［HC］、［CO］、［CO₂］		［NO］/s
T_{90}	≤3.5s		≤4.5
T_{95}	≤4.5s		≤5.5
T_{10}	≤3.7s		≤4.7
T_5	≤4.7s		≤5.7
$\lvert T_{90}-T_{10}\rvert$	≤0.3s	$\lvert T_{95}-T_5\rvert$	≤0.3

6）五气分析仪对每一通道的 15 个连续测量数据，其均值的误差应满足表 4-9 的要求。

表 4-9　均值的误差要求

通道	［HC］	［CO］	［CO_2］	［NO］	［O_2］
误差（%）	5.46	3.88	4.07	7.70	5.62

7）五气分析仪的测试重复应符合表 4-10 的要求。

表 4-10　五气分析仪的重复性要求

气体浓度	量程范围	相对重复性	绝对重复性
［HC］（10^{-6}vol）	0 ~ 1400	±2%	3×10^{-6}vol
	>1400 ~ 2000	±3%	
［CO］（%）	0 ~ 7.00	±2%	0.02% vol
	>7.00 ~ 10.00	±3%	
［CO_2］（%）	0 ~ 10	±2%	0.1% vol
	>10 ~ 16	±3%	
［NO］（10^{-6}vol）	0 ~ 4000	±3%	20×10^{-6}vol
［O_2］（%）	0 ~ 25	±3%	0.1% vol

8）干扰气体对五气分析仪性能测试的影响应符合表 4-11 的要求。且要求饱和热空气干扰测试后，在取样管路至测量传感器之间不应有冷凝水出现。对 9% vol ［CO］ 和 18% vol ［CO_2］ 的混合气体取样时，［CO］ 和 ［CO_2］ 的读数应满足示值波动限值的要求。

表 4-11　干扰气体对各通道读数的影响要求

污染物气体浓度	读数示值误差
［HC］	$\pm 10 \times 10^{-6}$vol
［CO］	±0.05%
［CO_2］	±0.20%
［NO］	$\pm 25 \times 10^{-6}$vol

9）五气分析仪的线性度应满足表 4-12 的要求。且测试值超过均值 150 % 的数据数量不超过 5 %。

表 4-12　五气分析仪的线性度要求

［HC］	范围（10^{-6}vol）	0 ~ 1400	1400 ~ 2000	［NO］	范围（10^{-6}vol）	0 ~ 4000
	相对误差	±0.8%	±1%		相对误差	±1%
	绝对误差	2×10^{-6}vol	—		绝对误差	10×10^{-6}vol

（续）

[CO]	范围（% vol）	0~7.00	7.00~10.00	[O₂]	范围（% vol）		0~25
	相对误差	±0.8%	±1%		相对误差		±1.5%
	绝对误差	0.01% vol			绝对误差		0.1% vol
[CO₂]	范围（% vol）	0~10	10~16				
	相对误差	±0.8%	±1%				
	绝对误差	0.1% vol	—				

（7）五气分析仪的量程及测量范围要求

五气分析仪的分辨力要求见表4-13。

表4-13　五气分析仪的分辨力要求

[HC](10^{-6}vol)		[CO]（% vol）		[CO₂]（% vol）		[NO](10^{-6}vol)		[O₂]（% vol）	
分辨力	1	分辨力	0.01	分辨力	0.1	分辨力	1	分辨力	0.1

五气分析仪的量程及测量误差要求见表4-14。

表4-14　五气分析仪的量程及测量误差要求

气体浓度	量程范围	相对误差	绝对误差
[HC]（10^{-6}vol）	0~2000	±3%	4×10^{-6}vol
	>2000~5000	±5%	
	>5000~9999	±10%	
[CO]（%）	0~10.00	±3%	0.02% vol
	>10.00~14.00	±5%	
[CO₂]（%）	0~16	±3%	0.3% vol
	>16~18	±5%	
[NO]（10^{-6}vol）	0~4000	±4%	25×10^{-6}vol
	>4000~5000	±8%	
[O₂]（%）	0~25	±5%	0.1% vol

3. 流量计和集气系统技术要求

（1）流量计主要组成部件要求

基于汽油车简易瞬态工况法尾气排放测量系统的流量计的主要组成部件至少应包括：集气软管、集气锥管、抽气机、流量传感器、稀释氧传感器、稀释废气压力传感器和温度传感器、微处理器等。

（2）流量计规格和功能技术要求

1）流量计应能实时检测稀释气体体积流量，取样频率不小于1Hz。

2）流量计应具有通电指示功能、稀释氧传感器预热阶段指示功能、流量计准备就绪指示功能、流量计未准备就绪指示功能、流量计故障指示功能、稀释氧传感器失效指示功能、正常通信指示功能、工作状态测试功能、零流量指示功能等。

3）稀释氧传感器的功能应能测试稀释尾气的氧气浓度和试验开始时环境空气的氧气浓度。通过与五气分析仪的氧气浓度比较，用来计算稀释比。稀释比的计算公式为

$$DR = \frac{[O_2]_{amb} - [O_2]_{dil}}{[O_2]_{amb} - [O_2]_{raw}} \qquad (4\text{-}5)$$

式中　DR——稀释比；

　　$[O_2]_{amb}$——检测站测试环境下的大气氧浓度读数（%vol）；

　　$[O_2]_{dil}$——流量计中氧传感器的浓度读数（%vol）；

　　$[O_2]_{raw}$——五气分析仪中氧传感器的浓度读数（%vol）。

4）稀释废气压力传感器和温度传感器应具有实时检测稀释废气的压力和温度的功能。测试系统需要将测得的实际稀释体积流量转换成温度为0℃、大气压力为101.3kPa的状态下的稀释体积流量。计算公式为

$$Q_{sta} = Q_{act} \frac{p}{T} \times \frac{273.2}{101.3} \qquad (4\text{-}6)$$

式中　Q_{sta}——0℃、101.3kPa的大气状态下的稀释体积流量（L/s）；

　　Q_{act}——实际稀释体积流量（L/s）；

　　p——稀释废气压力传感器读数（kPa）；

　　T——温度传感器读数（K）。

5）流量计系统应具有尾气实际排放流量计算能力，计算公式为

$$Q_e = Q_{sta}DR \qquad (4\text{-}7)$$

式中　Q_e——尾气实际排放流量（L/s）。

6）流量计应具有计算每1s的污染物排放质量的能力。计算公式为

$$m_{CO} = 10[CO]D_{CO}Q_e \qquad (4\text{-}8)$$

$$m_{HC} = 10^{-3}[HC]D_{HC}Q_e \qquad (4\text{-}9)$$

$$m_{NO} = 10^{-3}[NO]D_{NO}Q_e \qquad (4\text{-}10)$$

式中　m_{CO}——CO的实时排放质量（g/s）；

　　m_{HC}——HC的实时排放质量（g/s）；

　　m_{NO}——NO的实时排放质量（g/s）；

　　$[CO]$——CO的实时排放浓度（%vol）；

　　$[HC]$——HC的实时排放浓度（10^{-6}vol）；

　　$[NO]$——NO的实时排放浓度（10^{-6}vol）；

D_{CO}——标准状态下 CO 的密度（g/cm³）；

D_{HC}——标准状态下 HC 的密度（g/cm³）；

D_{NO}——标准状态下 NO 的密度（g/cm³）。

7）流量计的流量测试误差要求为 ±10%。

8）应具有在缓冲器里储存流量测量值至少 20s 的能力，使之和五气分析仪的测量值同步运算。

9）稀释尾气收集系统在两次试验间用清洁空气能至少连续清洗 15s。

10）在进行排放检测过程中，流量计在任何时间都不发生置零操作。

11）流量测量系统的预热时间不应超过 3min，继之以稀释氧传感器的校准时间不应超过 2min。

12）应具有五气分析仪取样所造成的污染物体积流量减少的补偿计算。

13）电源适应性。电压为 198～242V，频率为（50±1）Hz。

14）环境适应性。工作温度为 2～43℃，工作压力为 95～110kPa，相对湿度为 0～90%。

（3）流量计零部件技术要求

1）集气锥管应能适应不同形状和不同数量排气管的要求，应保证被检测汽车的排放尾气能全部被集气管收集。

2）一旦稀释氧传感器环境空气量程检测时的读数值位于（20.8±0.5）% vol 范围之外时，应具有对稀释氧传感器自动校准功能。

3）稀释氧传感器测试范围应为 0.5～22.5% vol；绝对误差为 ±0.1% vol，相对误差为 5%（取大值）；分辨力为 0.1% vol［O_2］。

4）压力传感器的测试范围应为 80～110kPa，绝对误差为 ±0.5kPa。

5）温度传感器测试范围应为 270～330K，绝对误差为 ±3K。

6）微处理器的功能是控制气体流量分析系统，分析计算从气体分析仪器、流量计、稀释氧传感器、稀释废气压力传感器和温度传感器每一秒传来的数据，计算汽车每一秒排放出来的污染物质量，并在测试结束后将结果储存到缓冲区中。它还应储存流量计所有元件的校准信息。

7）集气软管的直径不小于 100mm，集气软管内表面应光滑，以减少进气和排气阻力，应不吸收和吸附稀释尾气，也不和稀释尾气发生化学反应或改变稀释尾气成分。

8）集气软管外表面应有减磨措施，适应检测站工作环境的需要，经久耐用。

9）对于独立工作的汽车双排气管采用 Y 形对称集气管同时收集稀释尾气。两根集气管的结构、内径和长度完全一致。

10）抽气机应可靠耐用，在无集气管影响时，应保证通过流量计的流量范

围是 118 ~ 165L/s。

（4）流量计性能技术要求

1）流量计微处理器应能把流量校准时读数自动修正到读数误差的中间值。

2）被试流量计与标准流量计在 0℃ 和 101.3kPa 大气压状态下的读数相对误差不大于 ±5%。

3）被试流量计和标准流量计读数的相对误差不大于 ±10.0%。

4）流量计 20s 的读数平均值与流量名义值（出厂时不带集气管的流量测定后的设定值）的相对误差不超过 ±10.0%。

5）流量计量程漂移的要求：6min 内流量量程漂移不超过 ±4L/s，且检测的流量任意一值不小于 95L/s。

6）流量计测试重复性应符合要求。

7）当车速为 50km/h 时，若汽车排放尾气的流量不大于 2L/s，EIS 系统应出现暂停检测的指示，并中止检测工作。

4. 操作控制系统技术要求

1）控制软件的功能应包括：控制软件的通用使用要求，主控计算机启动要求，合法检测要求，主菜单操作界面设置要求，设备和仪器检测质量保证体系要求，车辆试验前检查要求，排放检测过程要求，数据记录、调用要求和软件的维护、修改和升级要求等。

2）操作控制系统应能满足排放检测的程序及流程要求。

3）操作控制系统软件应使用统一的物理量符号、化学分子式符号和国际单位制，在特殊约定条件下可以使用工程单位制，如车速单位 km/h、发动机转速单位 r/min、流量单位 L/s、发动机排量 L 等。

4）操作控制系统软件的起动及合法检测应符合当地环保局的要求。

5）操作控制系统的联网、储存、数据库以及质量管理要求，应符合当地环保局的要求。

三、自由加速法

自由加速法包含滤纸烟度法和不透光烟度法两种方法，按照 HJ/T 395—2007《压燃式发动机汽车自由加速法排气烟度测量设备技术要求》的规定，不透光烟度法所要求的排放测试设备包括不透光烟度计和取样系统，其主要组成部件至少应包括：取样探头、取样软管、光发送器、光接收器、测量气室及其温度调节装置、校准室、样气入口通道、环境空气入口通道和发动机转速传感器端口（可选件）等。

而按照 HJ/T 4—1993《柴油车滤纸式烟度计技术条件》的规定，滤纸法烟度测量一般由取样系统和测量系统组成。其中，取样系统是由取样探头、抽气装置、清

洗装置和取样用连接管组成的。测量系统则由光电反射头、指示器和试样台组成。

1. 不透光烟度测量系统技术要求

（1）不透光烟度计和取样系统主要组成部件要求

不透光烟度计和取样系统的主要组成部件至少应包括：取样探头、取样软管、光发送器、光接收器、测量气室及其温度调节装置、校准室、样气入口通道、环境空气入口通道和发动机转速传感器端口（可选件）等。

（2）取样系统技术要求

1）取样系统应保证可靠耐用，无泄漏，易于保养，应保证能承受在自由加速测试期间内车辆排气的高温。

2）取样系统对发动机排气系统产生的背压应尽可能小。

3）取样系统应具有气冷却或水冷却装置，以保证排气温度降至烟度计能处理的温度范围。

（3）取样管技术要求

1）用于轻型车的取样管长度应小于1.5m，用于重型车的取样管长度应小于3.5m。

2）直接与排气样气接触的取样管材料应是无气孔的。外表面应具有耐磨性涂层，能适应检测站使用场合中常见的环境条件和使用条件的要求。

3）取样管应是易弯曲的，不易打结和压裂。取样管与取样探头和不透光烟度计的连接应可靠，拆卸方便，便于更换。

4）一至少重3000kg的汽车以5~8km/h的速度在垂直于软管的方向上两次压过取样软管时，被试软管应无永久性变形或绞缠，应能迅速恢复原来的放置形状和截面形状，不产生损坏和其他不正常情况，如内芯损坏或分层等。

（4）取样探头技术要求

1）取样探头的长度应保证能插入排气管400mm的深度。取样探头与排气管的横截面之比不应小于0.05。

2）取样探头应具有一定的挠性，以便插入不同弯曲程度的排气管。取样探头端部不应接近汽车排气管的弯部。取样探头插入排气管后，应保证取样探头基本居于排气管中间位置，且与汽车排气管基本保持平行。

3）取样探头应带有固定装置，易于把取样探头固定在排气管上。固定装置的设计应保证操作员不借助工具的情况下，易于插入和拔出取样探头。取样探头把手应是隔热的。

4）取样探头的端头应有防护，以免取样探头插入时排气管的残留物进入取样探头。

5）必要时，为使取样准确，取样探头应配备排气管的外接管，但排气管和外接管的连接应可靠密封，且允许取样探头能插深400mm。

6）取样探头应能承受 600℃ 的高温达 10min，无永久性损坏的痕迹和功能上的变化，且无任何对探头预期寿命有害的变化。

7）若取样探头或连接接头由不同线胀系数的金属制成，则这些金属线胀系数的差别不得大于 5%。

8）取样探头抗稀释技术要求为被试取样探头的相对误差不大于 6%。

（5）不透光烟度计主要功能和规格技术要求

1）不透光烟度计应采用分流式测量原理，应使得被测气体充满在一个内表面不反光的容器内，应能自动测量压燃式发动机汽车的排气烟度。

2）不透光烟度计的光通道有效长度一般应为 430mm。当不透光烟度计的光通道有效长度不为 430mm 时，设备供应商应提供不透光烟度计的光通道有效长度，以便于核准检测。

3）光通道有效长度的允许相对误差为 ±2%。光通道有效长度应在不透光烟度计上标明。

4）不透光烟度计的显示应有两种计量单位，一种为绝对光吸收系数（k）单位，量程从 0 ~ 16m^{-1}，另一种为不透光度的线性分度（N）单位，量程从 0 ~ 99.9%（当光通道有效长度为 0.43m 时）。两种单位的量程均以光全通过时为 0，光全遮挡时为满量程。

绝对光吸收系数 k 与不透光度的线性分度读数 N 应满足：

$$k = -\frac{1}{L}\ln\left(1 - \frac{N}{100}\right) \tag{4-11}$$

式中　　k——绝对光吸收系数（m^{-1}）；

　　　　L——不透光烟度计的光通道有效长度（m）；

　　　　N——不透光度的线性分度读数。

5）绝对光吸收系数 k 由下式计算：

$$\phi = \phi_0 e^{-kL} \tag{4-12}$$

式中　　ϕ——出射光通量；

　　　　ϕ_0——入射光通量。

6）不透光烟度计内部的反射和漫射作用产生的漫反射光对光电池的影响应减少到最低程度。当烟室充满绝对光吸收系数接近 1.7m^{-1} 的烟气时，反射和漫射的综合作用应不超过 1 个不透光度的线性分度单位。

7）光源应为白炽灯，其色温应在 2800 ~ 3250K 的范围内，或光谱峰值在 550 ~ 570nm 的绿色发光二极管。

8）光接收器的光谱响应曲线应类似人眼的光适应性曲线。

9）光接收器测量电路的阻尼应保证输入发生任何突变之后（例如突然插入标准滤光片），不透光度稳定读数值的超调量应不大于 4%。

10）测量气室中光束的偏斜不得超过3°。

11）当以不透光度的线性分度为计量单位时，不透光烟度计的分辨力优于或等于0.1%；当以绝对光吸收系数为计量单位时，不透光烟度计的分辨力优于或等于0.001m^{-1}。

12）在测量气室充满清洁空气的情况下，当打开光源时，不透光度的线性分度读数应为0；当关闭光源时，不透光度的线性分度读数应为99.9%；当重新打开光源时，不透光度的线性分度读数应为0。

13）从烟气开始进入气室到完全充满气室所经历的时间应不超过0.4s。

14）烟室的排气压力与大气压力之差应不超过735Pa。

15）在测量时，烟室中各点的气体温度应在70℃至不透光烟度计制造厂规定的最高温度之间，这样当烟室中充满光吸收系数为1.7m^{-1}的气体时，在此温度范围内读数的变化不应超过0.1m^{-1}。

16）不透光烟度计的工作条件。环境温度范围为5～40℃，相对湿度范围为0～95%。

17）不透光烟度计的存放条件。环境温度范围为−32～50℃。

18）电源适应性。电压：220×（1±10%）V，单相；或380×（1±10%）V，三相；频率：（50±1）Hz。

19）不透光烟度计应能抗电磁干扰，抗振动冲击，能适应检测站的工作环境正常工作。

（6）不透光烟度计性能技术要求

1）当环境温度为20℃时，预热时间不应超过15min。调零读数和量程读数满足下述要求时则视为预热完成：在15min的等待时间内零点漂移和量程漂移小于0.08m^{-1}。

2）当以绝对光吸收系数为计量单位时，1h的零点漂移不得超过0.08m^{-1}。当以不透光度的线性分度为计量单位时，零点漂移量不得超出±1%。且在10min的周期内无峰值超过0.03m^{-1}的周期性变化。

3）当绝对光吸收系数为1.7m^{-1}时，示值误差不大于0.025m^{-1}。

4）对每一标准滤光片值，以不透光度的线性分度值为计量单位，其均值的绝对误差不超过±2%。

5）对每一烟度计中每一组的15个连续测量数据，其均值的相对误差应不大于±8%。

6）不透光烟度计上升响应时间T_{90}和下降响应时间T_{10}应在0.9～1.1s范围内。所记录烟度值的超调量不大于标准滤光片的4%。

7）不透光烟度计线性度的计算值应不大于1.1个不透光度的线性分度单位。测试值超过均值150%的数据数量不超过5%。

8）不透光烟度计零点校准应能把两种计量单位的读数修正到0。

9）不透光烟度计满量程校准应能把不透光度的线性分度单位读数修正到99.9%。

10）不透光烟度计重复性测试，各相对误差不超过2%。

11）不透光烟度计的光通道有效长度相对误差不超过2%。

（7）不透光烟度计排气烟度测量自动控制功能基本要求

1）不透光烟度计应具有数据采集、处理和显示功能，应能自动进行自由加速烟度测量。

2）不透光烟度计的取样频率至少应为10Hz。

3）光电池的电路或显示仪表的电路应是可调的，以便在光束通过充满清洁空气的气室时，可把不透光烟度计的读数置零。

4）不透光烟度计应具有自动清洗功能，在每次测量前，应保证在30s内对烟度计清洗后，能去除上一辆车排气烟度的影响。

5）不透光烟度计在预热期间，系统锁止并有预热指示。

6）不透光烟度计零点校准时应能把读数自动修正到零。

7）不透光烟度计量程校准时应能把读数自动修正到读数误差的中间值。

8）不透光烟度计应有调节装置，以提供零点调节、滤光片检查和内部调节等操作，此装置可以是手动、半自动或自动的。调节装置应不影响调零也不影响仪器的线性响应。

9）不透光烟度计两种计量单位的显示可切换，或可同时显示两种计量单位。

2. 滤纸烟度测量系统技术要求

（1）滤纸烟度计主要组成部件

滤纸烟度计一般由取样系统和测量系统组成。

（2）取样系统技术要求

取样系统是由取样探头、抽气装置、清洗装置和取样用连接管组成的。

1）取样探头。取样探头应易于安装在排气管上，能抽吸排放的气体，抽气孔应不直接承受所抽气样的动压。

① 取样探头应有易于安装在排气管中心处的固定部件。

② 取样探头应有冷却气样的散热装置。

③ 排气取样入口处与排放气体相接触的部件应采用耐蚀性或经适当表面处理的材料制作。

2）抽气装置。抽气装置由滤纸插放部件和抽气泵组成。滤纸插放部件应易于滤纸的安装和取出；当安放滤纸时，压紧部件的气密性应满足要求；抽气泵活塞应能平滑运动。

3）清洗装置。清洗装置应能迅速清除取样系统中残余的污染物。

4）取样用连接管。取样用连接管应为挠性管，其两端应分别带有可与取样探头和抽气装置相连接的耐热性接头。

（3）测量系统技术要求

测量系统由光电反射头、指示器、试样台、滤纸和标准烟度卡组成。

1）光电反射头。光电反射头的工作原理为：从光源发出的光照射到被染黑的滤纸上，光电探测元件将滤纸反射的光通量转换为电信号。

① 光电反射头应采用对试样不造成污染的材料制作，接触试样的表面应该平滑。

② 光源的光轴应通过滤纸有效工作面的中心，并能垂直照射试样表面，光源投射光束不应直接照射光电反射头的内壁表面。

③ 光源结构应保证不因光源长期点亮而对光电探测元件带来不良的影响。

④ 光源应易于更换。

⑤ 光电探测元件可为环形。

2）指示器。测量系统的指示器，可以采用指针式或数字式。要求其最小示值为满量程的1%。

3）试样台。应具有安放衬底材料的结构，台面与光电反射头的测量部件接触应平稳严密。

4）滤纸。测量时滤纸下面应衬垫一定厚度的滤纸或其他等效反射材料作为衬底，其反射因数应为（92±3）%。

5）标准烟度卡。

① 标定和校准烟度计所用标准烟度卡的烟度量值应溯源至国家工作基准，不确定度为0.1FSN。

② 烟度值为0.5～9.0FSN均匀级差的六级标准烟度卡用于烟度计出厂标定，烟度值为4.5FSN左右的标准烟度卡一般用于在用烟度计的校准。

（4）滤纸烟度计的技术要求

1）烟度计的正常工作条件。环境温度范围为0～40℃，相对湿度不大于90%。

2）电源适应性。交流(AC)(220±22)V,(50±0.5)Hz,直流(DC)(12±1.2)V或(24±2.4)V。

3）排气柱有效长度应为（405±4）mm。

4）名义抽气容积、实际抽气容积及死区容积应符合要求，且死区容积应小于名义抽气容积的15%，泄漏容积应小于名义抽气容积的10%。

5）滤纸有效工作面直径应为26～32mm。

6）抽气时间应为（1.4±0.2）s。

7）抽气动作时间应保证滤纸前后截面处流速不低于 0.1m/s，以防止碳烟沉积。

8）抽气泵活塞在全行程内平滑运动，没有急剧的速度变化。

四、加载减速工况法

按照 HJ/T 292—2006《柴油车加载减速工况法排气烟度测量设备技术要求》的规定，加载减速不透光烟度法所要求的设备包括一个至少能模拟加速惯量和匀速负荷的底盘测功机、一个不透光烟度计组成的取样分析系统，以及操作控制系统和其他辅助设备。

1. 底盘测功机技术要求

（1）总体要求

1）用于轻型汽车加载减速法的底盘测功机与用于简易瞬态工况法的测功机，均采用 2 轴 4 滚筒结构，在功能、结构和安装要求等方面大体一致，可以共用。用于重型汽车加载减速法的底盘测功机，可采用 3 轴 6 滚筒结构。

2）加载减速法的底盘测功机主要部件至少应包括：功率吸收装置及其控制器、滚筒、机械惯量装置、驱动电动机、转速传感器、举升器及其制动装置、传动装置和侧向限位装置等。

3）底盘测功机应水平位置安装，在纵向方向和横向方向上最大倾角不超过 ±5°，不应使车辆产生任何可察觉的或可能妨碍车辆正常运行的振动。

（2）底盘测功机的主要功能和规格要求

1）底盘测功机的框架应有足够的强度和刚度，应保证施加于驱动轮上的水平、垂直方向的力对车辆的排放水平没有显著影响。

2）底盘测功机应有很高的可靠性设计。

3）底盘测功机应具有根据柴油车加载减速工况法测试工况的加载要求进行自动加载的功能。

4）底盘测功机应配备防止车辆侧向移动的限位装置，该限位装置能在车辆任何合理的操作条件下进行侧向安全限位，且不损伤车轮和其他部件。

5）底盘测功机控制器对滚筒转速和总吸收功率的数据采集频率不低于 10Hz。

6）用于轻型车测试的冷却风机，其送风口直径应不超过 760mm，风机通风量不低于 85m³/min 或平均风速不低于 15m/s。冷却风机与车辆的距离为 1m 左右为宜。冷却风机的噪声应符合我国相应法规的要求。

7）用于重型车测试的冷却风机，其送风口直径应不超过 1000mm，风机通风量不低于 150m³/min 或风机的平均风速不低于 15m/s。冷却风机与车辆的距离为 1m 左右为宜。冷却风机的噪声应符合我国相应法规的要求。

8）底盘测功机应有起吊挂钩，且应保证在任何合理的底盘测功机起吊操作条件下，底盘测功机基本处于水平位置。

9）底盘测功机电气系统应能防水、防振动，防过热、防过电压、防过电流、防电磁干扰，应可靠搭铁，应有通电指示灯。

10）底盘测功机应能方便保养和维修。

11）电源适应性。额定电压：220V×（1±10%），单相；或380V×（1±10%），三相；频率：（50±1）Hz。

12）环境适应性。工作温度范围为0~40℃，工作相对湿度范围为0~85%，大气压力为80~110kPa。

（3）功率吸收装置及功率吸收技术要求

1）用于轻型车试验的底盘测功机，功率吸收装置的吸收功率范围应保证轻型柴油车能够完成加载减速试验。在测试车速大于或等于70km/h时，持续稳定吸收至少25kW的功率5min以上，并能够连续进行至少8次试验，两次试验之间的时间间隔为3min。紧接着，在测试车速不变的情况下，持续稳定吸收至少56kW的功率5min以上，并能够连续进行至少两次试验，两次试验之间的时间间隔为3min。

2）用于重型车试验的底盘测功机，功率吸收装置的吸收功率范围应保证重型柴油车能够完成加载减速试验。在试验车速大于或等于70km/h时，连续稳定吸收至少50kW的功率5min以上，并能够连续进行至少8次试验，两次试验之间的时间间隔为3min。紧接着，在测试车速不变的情况下，持续稳定吸收至少120kW的功率5min以上，并能够连续进行至少两次试验，两次试验之间的时间间隔为3min。

3）每一次底盘测功机吸收功率的绝对误差都应不超过±0.4kW或相对误差不超过±2%（取两者中的较大值）。

4）功率吸收装置在60km/h、70km/h和80km/h的测试车速下，总吸收功率P_a至少可以进行0.1kW的增量调节。

5）当环境温度在0~40℃范围内时，经预热后的底盘测功机总吸收功率误差在试验开始后的15s内应不超过±0.4kW，在30s内应不超过±0.2kW或设定功率的±2%以内（取两者中的大值）。

6）当环境温度在0~40℃范围内时，底盘测功机在冷状态下工作与预热后工作时的总吸收功率误差应不超过±0.2kW。

（4）滚筒结构和规格技术要求

1）底盘测功机应使用双滚筒结构，机械惯性飞轮与滚筒的速比为1:1。

2）轻型车排放检测用底盘测功机的前、后、左、右滚筒的耦合可以采用机械或电力方式，前、后滚筒的速比为1:1，同步精度为±0.3km/h。

3）重型车排放检测用 3 轴 6 滚筒底盘测功机，6 个滚筒的耦合可以采用机械或电力方式，前、中、后滚筒的速比为 1∶1，同步精度为 ±0.3km/h。

4）轻型车排放检测用底盘测功机的滚筒直径应为（216 ± 2）mm；重型车排放检测用底盘测功机的滚筒直径介于 373 ~ 530mm 范围内，其误差应不超过 ±2mm。

5）轻型车排放检测用底盘测功机的滚筒中心距应满足下式要求，误差应在 −6.4 ~ 12.7mm 范围内。

$$A = (620 + D)\sin 31.5° \tag{4-13}$$

式中　A——滚筒中心距（mm）；

　　　D——滚筒直径（mm）。

6）重型车排放检测用 3 轴 6 滚筒的底盘测功机，第一轴和第二轴的滚筒中心距应满足下式要求，误差应在 −13.0 ~ 13.0 范围内。

$$A = (1000 + D)\sin 31.5° \tag{4-14}$$

7）重型车排放检测用 3 轴 6 滚筒的底盘测功机，前两滚筒的中心和第三滚筒的中心距应为 1346mm，误差应在 −13.0 ~ 13.0mm 范围内。

8）重型车排放检测用 3 轴 6 滚筒的底盘测功机布置，如图 4-6 所示。第一滚筒的中心和第二滚筒的中心等高，第二滚筒的中心应比第三滚筒的中心高，第一滚筒的中心和第二滚筒中心连线的中点与第三滚筒中心的连线倾斜度应满足下式要求：

$$\alpha = \tan^{-1}\frac{(1000 + D)\,(1 - \cos 31.5°)}{2 \times 1346} \tag{4-15}$$

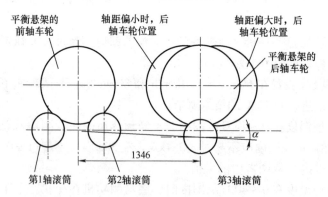

图 4-6　3 轴 6 滚筒的底盘测功机滚筒布置示意图

9）轻型车排放检测用底盘测功机的滚筒内跨距和外跨距应满足轻型车排放检测的要求，重型车排放检测用底盘测功机的滚筒内跨距和外跨距应满足重型车排放检测的要求。

10）每侧主滚筒 5 点直径中最大直径和最小直径之差不大于 0.2mm，左、右侧主滚筒平均直径之差不大于 0.2mm。

11）滚筒表面径向圆跳动 $\delta_J \leqslant 0.2\%$。

12）前后滚筒内侧母线平行度 $L_H \leqslant 1mm/m$。

13）滚筒的表面处理和硬度应保证在任何天气条件下，轮胎与滚筒之间不打滑，以保证行驶距离和转速测量的准确度，还应对轮胎的磨损小，噪声低。

（5）基本惯量技术要求

1）轻型车排放检测用底盘测功机应配备机械惯量飞轮或电惯量，实际基本惯量应在（907.2 ± 18.1）kg 范围内。

2）轻型车排放检测用底盘测功机标牌上标明的基本惯量应在（907.2 ± 18.1）kg 范围内。

3）轻型车排放检测用底盘测功机的基本惯量与 907.2kg 之间的偏差应当量化，并对加载滑行测试时间按照实际基本惯量进行修正。标牌上标明的基本惯量与实际基本惯量的误差应在 ±9.0kg 的范围内。

4）重型车排放检测用底盘测功机应配备机械惯量飞轮或电惯量，实际基本惯量应在（1452.8 ± 18.1）kg 范围内。

5）重型车排放检测用底盘测功机标牌上标明的基本惯量应在（1452.8 ± 18.1）kg 范围内。

6）重型车排放检测用底盘测功机的基本惯量与 1452.8kg 之间的偏差应当量化，并对加载滑行测试时间按照实际基本惯量进行修正。标牌上标明的基本惯量与实际基本惯量的误差应在 ±9.0kg 的范围内。

（6）驱动电动机的功能和规格技术要求

1）驱动电动机的功能是驱动滚筒转动，在功率吸收装置未加载时，底盘测功机的驱动电动机至少应具有把滚筒线速度提高到 96km/h 的能力，并可在该速度下维持 3s。

2）驱动电动机应能带动底盘测功机的所有转动件一起转动。

（7）举升器功能和规格技术要求

1）轻型车排放检测用底盘测功机，其举升器至少应能可靠地举升 2750kg 的重物；重型车排放检测的底盘测功机，其举升器至少应能可靠地举升 8000kg 的重物。

2）当举升器处于升起状态时，应能使车辆方便地驶入或退出底盘测功机。当处于落下状态时，应能使车轮不和举升器上表面相接触。

3）举升器应配有制动器，保证举升器处于升起状态时，能可靠地制动住滚筒，且保证举升器处于落下状态时，制动器完全与滚筒脱离接触，不得产生制动力矩。

4）当滚筒处于转动状态时，举升器不能升起。

（8）最大允许轴重和最大车速技术要求

1）用于轻型车检测的底盘测功机，应能测试最大单轴轴荷为 2750kg 的车辆。

2）用于重型车检测的底盘测功机应能测试最大单轴轴荷为 8000kg 的车辆或最大总质量为 14000kg 的车辆，用于 3 轴 6 滚筒的底盘测功机应能测试最大双轴轴荷为 22000kg 的车辆。

3）底盘测功机最大测试车速不低于 130km/h。

（9）滚筒转速测量装置技术要求

滚筒转速测量装置技术要求与简易瞬态工况法要求相同，参见本节"二、简易瞬态工况法"中相关内容。

2. 不透光烟度计和取样系统技术要求

加载减速不透光烟度法与自由加速不透光烟度法所使用的不透光烟度计和取样系统相同，技术要求一致，可以共用。

3. 操作控制系统技术要求

1）控制软件的功能应包括：控制软件的通用使用要求，主控计算机启动要求，合法检测要求，主菜单操作界面设置要求，设备和仪器检测质量保证体系要求，车辆试验前检查要求，排放检测过程要求，数据记录和调用要求和软件的维护、修改和升级要求等。

2）操作控制系统应能满足排放检测的程序及流程要求。

3）操作控制系统软件应使用统一的物理量符号、化学分子式符号和国际单位制，在特殊约定条件下可以使用工程单位制，如车速单位 km/h、发动机转速单位 r/min、流量单位 L/s、发动机排量单位 L 等。

4）操作控制系统软件的起用及合法检测应符合当地环保局的要求。

5）操作控制系统的联网、储存、数据库以及质量管理要求，应符合当地环保局的要求。

第四节　在用机动车环保定期检验的设备维护与使用

一、尾气分析仪的日常保养及检定

1. 尾气分析仪日常保养

（1）泄漏检查

1）根据系统软件或尾气分析仪的提示用密封帽（红帽子）堵住探头的入口，过一段时间后（一般 18s 左右），系统软件或尾气分析仪会自动判断泄漏检

查是否成功，取样系统是否密封。

2）若泄漏检查失败，其原因一般为以下几点：

① 做泄漏检查时，取样探头入口没有堵严密，导致漏气。

② 取样探头连接处漏气。

③ 取样探头破裂，有漏气现象。

④ 取样管破裂，有漏气现象。

⑤ 各式滤清器密封圈失效或滤清器罩未拧紧。

⑥ 尾气分析仪内部取样管破裂或脱落。

⑦ 取样泵膜片处漏气或气泵气囊破裂。

3）故障解决办法及其步骤如下：

① 逐一排查，确认取样系统的泄漏处。

② 确认部件后，更换新的配件。

③ 再次做泄漏检查，确认取样系统是否正常工作。

（2）尾气分析仪校准

1）高量程气校准。

① 高量程气校准。先对尾气分析仪进行反吹，把尾气分析仪 HC 残留量反吹到接近于零，然后进行调零，查看 ［CO］、［CO$_2$］、［HC］、［NO］ 值是否接近于零。如果不是则要重新调零，直至均接近于零为止。再将高量程气通入尾气分析仪校准入口，对尾气分析仪进行标定，系统软件或尾气分析仪在校准完毕后会自动提示标定是否成功。

注意：打开标准气的压力不能过高（一般为 0.1MPa）。

② 五气标定。气体通入的先后顺序为低浓度标准气体→中低浓度标准气体→中高浓度标准气体→高浓度标准气体→零点标准气体，当各尾气分析仪读数稳定后（从通气开始至少 60s），记录气体读数和 PEF。

③ 校准失败的原因有：

a. 气瓶压力不够或没打开气瓶，高量程校准气无法通入到尾气分析仪内。

b. 气瓶压力过大，内部管路有脱落现象。

c. 尾气分析仪内部气管有泄漏。

d. 气瓶标签浓度与系统软件或尾气分析仪上的输入浓度不一致。

e. 通道、电磁阀损坏。

f. 尾气分析仪平台的机芯损坏。

④ 解决方法：

a. 确保气瓶已打开且气瓶压力不可过高、过低，要适中（一般为 0.02MPa）。

b. 系统软件或尾气分析仪上的输入浓度要与气瓶标签浓度相一致。

c. 维修通道和电磁阀。

2）低量程气校准。

① 低量程气校准。先对尾气分析仪进行反吹，把尾气分析仪 HC 残留量反吹到接近于零，然后进行调零，查看［CO］、［CO$_2$］、［HC］、［NO］的值是否接近于零。如果不是则要重新调零，直至均接近于零为止。再将低量程标准气通入尾气分析仪检查气入口，系统软件或尾气分析仪在检查完毕后会自动提示检查是否成功。

② 校准失败的原因有：

a. 气瓶压力不够或没打开气瓶，低量程检查气无法通入到尾气分析仪内。

b. 气瓶压力过大，内部管路有脱落现象。

c. 通道、电磁阀损坏。

d. 气瓶标签浓度与系统软件或尾气分析仪上的输入浓度不一致。

e. 氧传感器损坏或已失效。

f. ［NO$_x$］传感器损坏或已失效。

g. 因使用时间过长，尾气分析仪平台不清洁。

③ 解决方法：

a. 确保气瓶已打开且气瓶压力不可过高、过低，要适中（一般为 0.02MPa）。

b. 系统软件或尾气分析仪上的输入的检查气浓度要与气瓶标签浓度相一致。

c. 维修通道和电磁阀。

d. 更换新的氧传感器。

e. 更换新的［NO$_x$］传感器。

f. 清洗尾气分析仪平台。

④ 注意事项：

a. ［HC］=［C$_3$H$_8$］× PEF。

b. 气瓶标签浓度正确输入系统软件且要保存。

c. 尾气分析仪低量程标准气检查是每天必须做的，若检查不通过，则需要用高量程标准气校准后再用低量程气进行检查。

d. ［HC］、［CO］、［CO$_2$］的相对误差均为 ±5%。

e. ［NO］的相对误差为 ±4%。

f. 标准气必须到有资质的计量所进行配备，且均要有检定证书。

⑤ 更换步骤如下：

a. 关闭计算机和尾气分析仪电源。

b. 除去传感器进口盖。

c. 拆除原传感器。

d. 安装新传感器。

e. 安装传感器进口盖。

f. 给尾气分析仪和计算机通电。

g. 零点标定。

h. 更换新的［NO$_x$］传感器后应进行"清除 NO 老化标志"，重新校准该通道后才能投入使用。［O$_2$］或［NO$_x$］传感器的使用寿命为 18 个月，需定期更换。

3）HC 吸附功能测试。

① 当发现 HC 测量值偏差较大时，就要进行 HC 吸附检查，接上取样管和取样探头后检查。若检测不合格，可通过压缩空气吹洗，吹洗后仍然不合格就要更换取样管；或开泵抽空气清洗管路，仪器会一直抽气到［HC］$< 4 \times 10^{-6}$ 时自动停泵。

② 若 HC 吸附测试失败，有以下几点原因：

a. 滤芯、滤清器内有杂质。

b. 取样管内有异物堵住不畅通。

c. 尾气分析仪平台内不清洁，有杂质。

③ 解决方案如下：

a. 更换清洁的滤芯、滤清器、前置滤清器。

b. 用压缩空气对取样管进行反吹，使之畅通。

c. 用压缩空气清洗平台气。

d. 重新调零。

④ 注意事项：

HC 残留量的体积分数必须下降到 7×10^{-6}（正己烷）方为合格（如检查结果为负值应锁止尾气分析仪，中止试验程序，对尾气分析仪进行重新标定或维修），正常的取样系统 HC 残留量的检查时间应不超过 120s。

（3）尾气分析仪常见故障及处理方法

1）尾气分析仪检测过程中出现低流量的原因分析及处理方法。

① 出现低流量的原因有：

a. 取样探头处不清洁，有脏物堵住。

b. 尾气分析仪主滤芯太脏。

c. 取样探头滤芯太脏。

d. 尾气取样软管受到弯折、挤压。

e. 三通电磁阀污染物堵塞。

f. 取样泵污染物堵塞（注：冬天特别要注意）。

② 电磁阀拆卸方法：

直接卸下电磁阀蓝绿色端头，用压缩空气吹，然后装上（注意电磁阀上的胶垫）。

2）检测时［HC］显示值不稳，调零后［HC］显示值不能回零，［HC］有

漂移现象的原因分析及处理方法。

① 过滤元件不干净，需更换。

② 内部气管上有碳粉吸附在上面，清洗或更换被污染的内部气管。

③ 取样管里不清洁，用压缩空气反吹取样管；清洗检测平台气室。注意：冬天在检测完车辆后，一定要把取样探头和取样管放到操作室内，以免造成管内有冰冻。

3）当尾气分析仪在正常检测时，提示无法检测到取样气体的浓度或被测取样气体浓度均为零的原因分析及处理方法。

① 检查检测排放时，取样探头是否从车辆排气管中脱落或探头的插入深度是否达到 40cm。

② 检查气泵是否正常工作，取样探头处是否有吸力（若没有吸力则表示气泵有漏气现象，需对其维修或更换新的；若吸力不足则表示滤芯、滤纸片、滤清器脏了，需用压缩空气进行反吹或更换新的配件，保证取样探头、取样软管和整个取样气路内畅通）。

③ 继电器损坏。

④ 主板上的通信芯片损坏。

⑤ 尾气分析仪零位不准，分辨率达不到要求，重新调零。

⑥ 标定不正确，重新对尾气分析仪进行标定。

4）尾气分析仪提示通信失败的原因分析及处理方法。

① 平时做好检测程序、系统的备份工作（串口卡程序备份）。

② 尾气分析仪通信端口从分析仪上脱落出来或未插紧有松动现象。

③ 尾气分析仪端口出错，更换一个 COM 口，在系统配置中也要做相应的更换，保持一致。

④ 程序出错、系统出错，重新启动尾气分析仪和计算机即可。

⑤ 串口卡的驱动无法找到，重新安装驱动程序。

5）HC 残留量偏高通不过检测的原因分析及处理方法。

① 空气压缩机损坏，不对外工作，无法向外输入压缩空气，尾气分析仪反吹功能失效，对空气压缩机进行维修。

② 反吹压力不够，无法将尾气分析仪内的 HC 残留量吹尽，调到足够大（一般为 0.2MPa）的压力。

③ 反吹时间偏短，对反吹时间进行重新设置。

④ 尾气分析仪内的滤芯、滤清器脏了，管道内有积炭堵住，更换新的过滤元件。注意：空气压缩机提供 0.5 ~ 0.8MPa 的压力，流量为 $0.3m^3/min$。每日检测完毕关机前，把气泵打开抽气 30min 以上，以清理测量腔内残余气体。

6）检测时空气含量、背景空气通不过测试的原因分析及处理方法。

① 周围环境空气 HC 超标，用通风扇对周围空气进行吹拂。

② 测量管路中残留气体影响，用压缩空气对测量管道进行吹扫。

③ 稀释氧传感器损坏或工作异常，重新标定稀释氧传感器。

④ 活性炭过滤器损坏，无法吸附空气中的杂质。

⑤ 尾气分析仪排气口排出的废气未通到检测室外，用连接管连上将其通到外面。

7）测量数据偏差大的原因分析及处理方法。

① 长时间检测未标定，用标准气对尾气分析仪进行标定。

② $[NO_x]$ 传感器和氧传感器失效或损坏，更换新传感器并重新标定。

③ $[NO_x]$ 传感器和氧传感器测量通道损坏，更换新测量室。

8）尾气分析仪内大量水分，且有"咕噜咕噜"的声音原因分析及处理方法。

① 汽车尾气中的水分渗入到尾气分析仪管路，必须确保滤芯是干的，勤检查、勤换滤芯，空闲时抽取较长时间的干净空气，以保持滤芯干燥，确保尾气分析仪内气路干燥不进水。

② 空气压缩机的水分渗入到尾气分析仪管路中，每天检查空气压缩机内的油水情况，并及时排放掉。

③ 需要注意的是：仪器本身有抗水汽干扰处理，但如果水汽在仪器内部发生冷凝，仪器会出故障；排气口有水排出是正常的。

9）当双怠速测试时，转速错误现象的原因分析及处理方法。

① 转速模块损坏，维修转速模块或更换新的模块。

② 转速信号线短接，更换新的转速信号线。

③ 转速夹磁铁损坏，更换新的转速夹。

2. 尾气分析仪的检定

（1）自动调零

在尾气分析仪器调试之前应进行自动调零，包括 $[HC]$、$[CO]$、$[CO_2]$ 和 $[NO]$。使用空气发生器产生调零空气（也可采用其他方式），当提供输入空气时，其中应包含的丙烷的体积分数应不超过 100×10^{-6} vol，$[CO]$ 应不超过 100×10^{-6} vol，$[CO_2]$ 应不超过 500×10^{-6} vol，$[NO]$ 应不超过 50×10^{-6} vol。

（2）尾气分析仪器量程检定

尾气分析仪器应能保持测试精度。在气体校正时将所有的误差因素都考虑在内，包括噪声、重复性、漂移、线性、温度和压力值等。考虑校正气体与测试气体相适应，可以使用以下的校正气体，不确定度为 ±1。

1）调零空气。

浓度：$[O_2]$ 为 20.9% vol；N_2 处于平衡状态。

不纯度：$[THC]$、$[CO]$、$[NO] < 1 \times 10^{-6}$ vol，$[CO_2] < 200 \times 10^{-6}$ vol。

2）低量程标气成分表见表 4-15。

表 4-15　低量程标气成分表

成　　分	含　　量	成　　分	含　　量
$[C_3H_8]$（丙烷）	200×10^{-6} vol	$[NO]$	300×10^{-6} vol
$[CO]$	0.50% vol	$[N_2]$	99.99% 纯平衡气
$[CO_2]$	6.0% vol		

3）高量程标气成分表见表 4-16。

表 4-16　高量程标气成分表

成　　分	含　　量	成　　分	含　　量
$[C_3H_8]$（丙烷）	3200×10^{-6} vol	$[NO]$	3000×10^{-6} vol
$[CO]$	8.00% vol	$[N_2]$	99.99% 纯平衡气
$[CO_2]$	12.0% vol		

（3）检定气体的压力

在气体校正过程中，如果测试探头的大气压绝对压力变化了 3.4×10^3 Pa，分析仪器读数的变化不应该超出 1%。

（4）尾气分析仪检定（校准）周期

尾气分析仪每年定期送有检定（校准）资质的有关单位检定（校准）1 次。

二、底盘测功机日常保养及检定

1. 底盘测功机日常保养

（1）日常保养注意事项

1）仪表和显示装置不应受潮、受振和强烈阳光的直射。

2）每天检测完毕后，应保持各部分清洁。不可把水弄到检验台内，特别是控制装置内。

3）使用前应清除检验台盖板，滚筒上的油、水、泥沙等杂物，检查滚筒运转是否自如。

4）被检车辆应为空载，不宜高速通过检验台，以延长检验台使用寿命。

5）当底盘测功机加载时，应该打开轴流风机给涡流机和车辆发动机强制散热。

6）不宜连续测量装有大功率发动机的车辆。

（2）日常保养的要求

底盘测功机日常保养要求见表 4-17。

表4-17 底盘测功机日常保养要求

保养周期	保养部件	保养内容	备 注
每天	控制柜	注意清洁，要尽量防尘、防雨	建议制作机柜套，不用的时候将控制柜整个套上。要防止雨水或冲洗地面的水溅入柜内
	滚筒	检查滚筒上是否黏有泥沙、水等杂物	当滚筒黏有杂物时，要清除干净，以免测量时飞出伤人
	油水分离器	检查气压是否正常，是否有漏油漏气现象	调整压力在正常范围，如有泄漏现象，应进行紧固或更换零部件
		查看水杯积水多少	如果积水过多要及时放掉
每周	轴承盖螺栓等	检查各处螺栓是否松动	如有松动应紧固。另外速度传感器的连接轴如果变形请注意是否与滚筒的同心度有问题
	测速传感器	检查测速传感器的紧固螺栓及支架是否松动，连接软轴有否变形或断裂	
	测力传感器	检查联接螺栓和关节轴承是否松动	
	轴承座	注入适量的润滑脂	最好加锂基润滑油脂，代号为ZL-2H或ZL-3H
每三个月	橡胶联轴器	查看联轴器是否变形损坏	如变形严重或者已经损坏，要及时更换
	地脚螺栓	检查地脚螺栓上的螺母是否松动	如松动应拧紧
三年	全面	轴承组件全面保养维护，添加新的润滑脂，更换油封毡圈，检查各件有无损坏	需要更换的部件请及时汇报

（3）底盘测功机常见故障及处理方法

1）车辆检测时有"跑不动"或"窜出来"现象的原因分析及处理方法。

① 车辆加载不正确，当登录车辆信息时，输入车辆的基准质量有误。

② 涡流机与检测软件通信输入有误，关闭涡流机后重新启动加载。

③ 长时间检测未标定零点漂移，对底盘测功机进行静态力标定。

④ 压力计偏移，将压力计重新放置到原位置，将机械松动部位紧固。

⑤ 检查线路，若发现手控盒打到手动档位，换到自动档位后即可。注意：基准质量÷148＝加载功率。

2）有测功机通信超时现象的原因分析及处理方法。

① 测功机通信端口从尾气分析仪上脱落出来或未插紧有松动现象。

② 测功机端口出错，更换一个 COM 口，在系统配置中也要做相应的更换，保持一致。

③ 程序出错、系统出错，重新起动底盘测功机和计算机即可。

④ 系统软件有病毒，用杀毒软件进行查杀。

⑤ 还原之前备份过的软件程序和操作系统。

3）做预热测试和加载滑行时，测功机滚筒不转的原因分析及处理方法。

① 测功机通信失败，检查通信端口，使之恢复正常通信。

② 变频器设置频率不正确，按变频器上"Reset"键，使之恢复到默认值（一般为 50Hz）。

③ 不小心按了变频器上的紧急制动按钮，把它重新弹开即可。

4）预热或做滑行测试时，滚筒反转的原因分析及处理方法。

① 可通过改变交流 380V 的任意两相来更正。

② 更换变频器的 FMD 和 REV 端的接线来更正。

5）举升器无法正常举升的原因分析及处理方法。

① 测功机通信失败，检查串口插头是否松动，重新插紧串口插头。

② 空气压缩机损坏，不对外工作，无法向外输入压缩空气，维修或更换新的空气压缩机。

③ 举升器底下的气囊和空气弹簧损坏，更换新的气囊和空气弹簧。

④ 高压管路被污染物堵塞，清除管内的污染物。

⑤ 不小心按了控制器上的紧急制动按钮，弹开紧急制动按钮。

⑥ 智能模块损坏，更换新的智能模块。

⑦ 继电器模块损坏，更换新的继电器模块。

⑧ 电磁阀损坏。电磁阀是控制气路通断的器件，当电磁阀线圈损坏或阀体内气路通道堵塞时气路将无法正常供给气缸所需的气压，导致气缸无法正常工作。

⑨ I/O 开关电源损坏。I/O 开关电源负责给控制继电器提供电源，当没有电源输出时将使继电器无法正常工作。

6）底盘测功机有异响状况的原因分析及处理方法。

① 轴承松动或内部滚子磨损严重损坏，松动时紧固即可，滚子损坏需更换此型号轴承。

② 传动带磨齿轮盘，紧固零件，并检查传动带牙是否有脱落。

③ 电涡流内部异响，拆卸电涡流检查内部机械故障（专业技术人员操作）。

7）车没有上测功机，灯屏提示到位的原因分析及处理方法。

此故障一般为两边的光电开关没有对在一条线上造成的。观察测功机两边的光电开关，此时应为一边亮另一边不亮，将不亮的一边和另一边对在一条线

上即可排除故障。如两边光电开关上的红色指示灯全不亮，应检查光电开关的供电是否正常。具体方法见光电开关故障。

8）机动车停到台架上不显示到位的原因分析及处理方法。

此故障一般为光电开关不起作用造成。此时可人工故障分析：到位信号主要靠检测台两边的光电开关，当机动车驶上检测台挡住光电开关后，由光电开关接收端将 5V 的到位信号传输至 I/O 调理板的开入端，由检测软件采集信号来判断，当检测软件采集不到 5V 到位信号时，将出现此现象，主要有以下几处故障点：

① 软件设置通道号与实际通道不符。

② I/O 转换板开入通道损坏。

③ 光电开关至 I/O 调理板的信号线断。

④ 光电开关供电电源损坏。

⑤ 光电开关损坏，挡一下光电开关，观察计算机内轴重到位信号指示灯是否亮，正常情况下挡住后应亮，如不亮，可判断光电开关损坏。

9）车驶上测功机后，灯屏提示到位而气缸不下降。此时可手动拨电磁阀旁边的手动控制钮（应在断电的情况下），看是否可以正常举升。不可正常工作，说明故障点在气路上，查看气泵是否打开，通气管路是否有堵塞现象。若可正常工作，说明气路无故障，故障点应在电路控制，可查看开关控制部分。

10）加涡流时，空气开关跳闸的原因分析及处理方法。

① 测量涡流线 134、135 查看是否短路。

② 再测量可控硅上的 401、135 若发现一直通，然后再测量可控硅上的二极管，若二极管坏掉，应更换新的。

11）前驱车辆到位后自动挡轮不动作的原因分析及处理方法。

① 检查挡轮电动机电源是否供上。

② 检查降到低的保护行程开关是否正常。

③ 检查挡轮和滚筒是否被卡住。

④ 检查热继电器是否被保护。

12）扭力信号实测值总是最大的原因分析及处理方法。

① 放大器上的 AD620 损坏。

② 扭力传感器损坏。

③ 标定不准确，重新标定。

④ 采集板通道损坏，更换通道。

13）测功机测试出的功率偏小的原因分析及处理方法。

① 引车员是否将加速踏板踩到底。

② 测试的速度数据是否正确。若不正确，一般为软件参数设置内的滚筒直

径和速度脉冲个数设置不正确造成的，更改后即可恢复。

③ 扭力数据标定不准确，重新标定即可。

2. 底盘测功机的检定

吸收的负荷包括摩擦效应吸收的负荷以及功率吸收装置所吸收的负荷。将测功机运转到超过试验转速。然后将起动测功机的装置脱开，被驱动的转鼓转速降低。转鼓的动能被功率吸收装置及摩擦效应所消耗。本方法不考虑由于转鼓上有无车辆引起的转鼓内部摩擦效应的变化。当后转鼓为自由转鼓时，其摩擦效应也不予考虑。

(1) 80km/h 时负荷指示器的标定

底盘测功机负荷图解如图 4-7 所示。

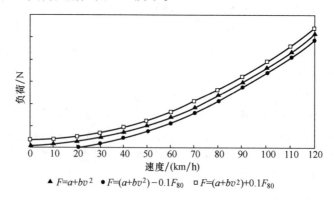

图 4-7　底盘测功机负荷图解

以被吸收的负荷为函数，标定 80km/h 时的负荷指示器时，应采用下列规程：

1）若尚未测量转鼓的旋转速度，则应予测量。可以使用第五轮仪、转速计或其他方法。

2）将车辆停放在测功机上，或采用其他起动测功机的方法。

3）对特定的惯量级采用合适的飞轮或其他惯量模拟系统。

4）使测功机的速度达到 80km/h。

5）记录指示负荷 F_i/N。

6）使测功机的速度达到 90km/h。

7）脱开起动测功机的装置。

8）记录测功机速度从 85km/h 降至 75km/h 所经历的时间。

9）将功率吸收装置调整到另一不同惯量等级。

10）应重复进行 4）~9）步骤多次，使其包括需要用的负荷范围。

11）用下列公式计算吸收的负荷：

$$F = \frac{M_i \Delta v}{t} \tag{4-16}$$

式中　F——吸收的负荷（N）；

$\quad\quad M_i$——当量惯量（不包括自由后转鼓的惯性效应）（kg）；

$\quad\quad \Delta v$——速度差 [m/s（10km/h = 2.775m/s）]；

$\quad\quad t$——转鼓从85km/h降至75km/h所经历的时间（s）。

12）应对所使用的所有惯量等级，重复进行上述操作。

（2）以其他速度的吸收负荷作为函数标定负荷指示器

应按需要，多次重复选定速度，进行上述操作。

（3）力或转矩的标定

力或转矩的标定应用同一规程。

（4）负荷曲线的确定

根据80km/h速度下的基准设定，按下述规程确认测功机的负荷吸收曲线：

1）将车辆放置在测功机上，或用其他起动测功机的方法。

2）将测功机调至80km/h下吸收的负荷（P_a）。

3）记录120km/h、100km/h、80km/h、60km/h、40km/h、20km/h下吸收的负荷。

4）绘出 $F - v$ 曲线，并确认其是否符合。如果车速为 10 ~ 120km/h 的道路行驶总阻力不能在底盘测功机上再现，则推荐使用具有下列特性的底盘测功机：

$$F = (a + bv^2) \pm 0.1F_{80} \tag{4-17}$$

式中　F——0 ~ 120km/h 车速下由制动装置和底盘测功机内摩擦效应而吸收的
　　　　　总负荷（N）；

$\quad\quad a$——滚动阻力当量值（N）；

$\quad\quad b$——空气阻力系数当量值 [N/(km/h)^2]；

$\quad\quad v$——车速（km/h）；

$\quad\quad F_{80}$——80km/h 车速时的负荷（N）。

5）对于80km/h下的其他负荷值和其他惯量值，均重复上述操作。

（5）测功机内部摩擦吸收功率（P_c）标定

测功机内部摩擦损失功率（包括轴承摩擦损失等）测试，应该在时速 8 ~ 80km/h 的情况下进行标定，并在系统负荷单元校正完成之后进行。求出速度与摩擦损失曲线来修正底盘测功机运行负荷。时速低于 8km/h 的情况下测试台架的摩擦损失比较小不进行标定。

（6）滑行试验

滑行试验随运行工况、车型和车况不同而不同，底盘测功机应为操作者提供满足在用车排放检测的滑行试验程序。

（7）电功率吸收装置

吸收功率应以 0.1kW 为单位可调。在 0 ~ 40℃ 环境范围内，测功机预热后吸收功率精度应为 ±0.2kW 或吸收功率的 ±2%，两者取最大值。满负荷精度为 ±0.5kW。

底盘测功机的功率吸收单元必须能够模拟加速状态下惯量产生的负荷，或有惯量模拟装置。

底盘测功机一般应一年进行一次检定。

三、不透光烟度计的日常保养与维护

1. 不透光烟度计维护保养

1）仪器的测量单元必须进行定期的维护保养。维护保养的周期取决于仪器的使用次数，如果仪器使用频繁，建议每周进行一次。

2）维护按以下步骤进行：

① 卸下螺钉，取下盖板。

② 小心卸下固定温度传感器的螺钉，将温度传感器轻轻取出。

注意：务必不要损坏温度传感器。

③ 用清洁刷子，从废气出口处小心插入测量室的管内。边清扫烟尘，边向里逐渐伸进，直至另一端出口为止。

注意：不要接触和损伤两端的光学透镜和反射的镀膜。

④ 用干净的软纸擦拭拆下的温度传感器，擦拭干净后将其重新装好，再装上盖板，拧紧螺钉。

⑤ 用柔软干净的湿布（不要太湿），轻轻擦拭两端的透镜和反射镜。

注意：不要损伤透镜和反射镜的镀膜。

⑥ 用清水和干净的布清洁取样探头、导管的内部和外部。

2. 不透光烟度计常见故障及排除方法

1）接通电源开关后若无任何显示，应检查电源线是否接好，熔断器是否完好。

2）仪器在使用过程中，若显示"通信错误，请检查！"的提示，应检查测量单元与控制单元之间的测量信号电缆及电源电缆是否接触良好。

3）若仪器测量数值异常或线性测试异常，应对测量单元进行清洁。

4）不透光滤光片的线性检查。

① "线性检查"表示检查平台的测量误差是否落在线性度要求范围内。插入不同的标准滤光片（已知不透光度），记录相应的 N 值，绝对误差不超过 ±2%，说明仪器的测量精度达到要求；若超出 ±2%，认为是超差。

② "线性检查" 失败的原因有：

a. 在进行线性检查之前，未先对烟度计进行调零。

b. 凸透镜镜面上不清洁，有污垢。

c. 滤光片上有灰尘，不清洁。

d. 支撑透镜的镀铬卡圈出现松动。

e. 保留选项功能。

③ 解决方法如下：

a. 在对烟度计进行线性检查之前，先对其进行调零。

b. 用擦眼镜软布清洁光路的凸透镜，保证镜面清洁。

c. 用镜头纸轻轻擦拭滤光片上的灰尘，保证其清洁。

d. 用手拧紧镀铬卡圈。

④ 注意事项。

a. 滤光片线性检查只做检查，若通过以上解决方法，线性检查还未通过，则应通过厂商对其进行硬件维修。

b. 在进行线性检查时，不可将测量单元倒置或倾斜，以免造成对检查结果的误差。

c. 进行 "清零" 时，必须保证光路没有黑烟或遮挡物。

d. 零位校准（0）、满量程校准（99.9%）。

第五章
在用机动车尾气排放
定期检测站管理

第一节 人员管理

1）在用机动车尾气排放定期检测站及其人员从事检验检测活动，应遵守国家相关法律法规的规定，遵循客观独立、公平公正和诚实守信原则，恪守职业道德，承担社会责任。

① 在用机动车尾气排放定期检测站及其人员应承诺"遵守国家相关法律法规的规定，遵循客观独立、公平公正、诚实守信原则，恪守职业道德，承担社会责任。"

②《检验检测机构诚信基本要求》（GB/T 31880—2015）对在用机动车尾气排放定期检测站提出了开展检验检测活动有关诚信的基本要求，建议检验检测机构参考使用。

2）在用机动车尾气排放定期检测站应建立和保持维护其公正和诚信的程序。在用机动车尾气排放定期检测站及其人员应不受来自内外部的、不正当的商业、财务和其他方面的压力和影响，确保检验检测数据、结果的真实、客观、准确和可追溯。

① 在用机动车尾气排放定期检测站应建立保证检验检测公正和诚信的程序，以识别影响公正和诚信的因素，并消除或最大化减少该因素对公正和诚信的影响。

② 在用机动车尾气排放定期检测站及其人员应公正、诚信地从事检验检测活动，确保检验检测机构及其人员与检验检测委托方、数据和结果使用方或者其他相关方不存在影响公平公正的关系。检验检测机构的管理层和员工不会受到不正当的压力和影响，能独立开展检验检测活动，确保检验检测数据、结果的真实性、客观性、准确性和可追溯性。

③ 若在用机动车尾气排放定期检测站所属法人单位的其他部门从事与其承担的检验检测项目相关的研究、开发和设计时，在用机动车尾气排放定期检测站应明确授权职责，确保检验检测机构的各项活动不受其所属单位其他部门的影响，保证独立和公正。

3）具有与其从事检验检测活动相适应的检验检测技术人员和管理人员。

在用机动车尾气排放定期检测站应有与其检验检测活动相适应的检验检测技术人员和管理人员，并应建立人员管理程序。

4）在用机动车尾气排放定期检测站应建立和保持人员管理程序，对人员资格确认、任用、授权和能力保持等进行规范管理。检验检测机构应与其人员建立劳动或录用关系，明确技术人员和管理人员的岗位职责、任职要求和工作关系，使其满足岗位要求并具有所需的权力和资源，履行建立、实施、保持和持续改进管理体系的职责。

① 在用机动车尾气排放定期检测站应制定人员管理程序，该管理程序应对检验检测机构人员的资格确认、任用、授权和能力保持等进行规范管理。检验检测机构应与其人员建立劳动或录用关系，对技术人员和管理人员的岗位职责、任职要求和工作关系予以明确，使其与岗位要求相匹配，并有相应权力和资源，确保管理体系运行。

② 在用机动车尾气排放定期检测站应拥有为保证管理体系的有效运行、出具正确检验检测数据和结果所需的技术人员（检验检测的操作人员、结果验证或核查人员）和管理人员（对质量、技术负有管理职责的人员，包括最高管理者、技术负责人、质量负责人等）。技术人员和管理人员的结构和数量、受教育程度、理论基础、技术背景和经历、实际操作能力和职业素养等，应满足工作类型、工作范围和工作量的需要。

5）在用机动车尾气排放定期检测站的最高管理者应履行其对管理体系中的领导作用和承诺：负责管理体系的建立和有效运行，确保制定质量方针和质量目标，确保管理体系要求融入检验检测的全过程，确保管理体系所需的资源，确保管理体系实现其预期结果，满足相关法律法规要求和客户要求，提升客户满意度，运用过程方法建立管理体系和分析风险、机遇，组织质量管理体系的管理评审。

① 在用机动车尾气排放定期检测站最高管理者应对管理体系全面负责，承担领导责任和履行承诺。最高管理者负责管理体系的建立和有效运行，满足相关法律法规要求和客户要求，提升客户满意度，运用过程方法建立管理体系和分析风险、机遇，组织质量管理体系的管理评审。

② 在用机动车尾气排放定期检测站最高管理者应确保制定质量方针和质量目标，确保管理体系要求融入检验检测的全过程，确保管理体系所需的资源，

确保管理体系实现其预期结果。

③ 在用机动车尾气排放定期检测站最高管理者应识别检验检测活动的风险和机遇，配备适宜的资源，并实施相应的质量控制。

6）在用机动车尾气排放定期检测站的技术负责人应具有相关专业技术经验或能力，全面负责技术运作；质量负责人应确保质量管理体系得到实施和保持。

① 在用机动车尾气排放定期检测站应由技术负责人全面负责技术运作。技术负责人可以是一人，也可以是多人，以覆盖检验检测机构不同的技术活动范围。

② 在用机动车尾气排放定期检测站应指定质量负责人，赋予其明确的责任和权力，确保管理体系在任何时候都能得到实施和保持。质量负责人应能与检验检测机构决定政策和资源的最高管理者直接接触和沟通。

③ 在用机动车尾气排放定期检测站应规定技术负责人和质量负责人的职责。

④ 在用机动车尾气排放定期检测站应指定关键管理人员（包括最高管理者、技术负责人、质量负责人等）的代理人，以便其因各种原因不在岗位时，有人员能够代行其有关职责和权力，以确保检验检测机构的各项工作持续正常地进行。

7）在用机动车尾气排放定期检测站的授权签字人应具有相关专业技术经验或同等能力。非授权签字人不得签发检验检测报告或证书。授权签字人应：

① 熟悉在用机动车尾气排放定期检测站资质认定相关法律法规的规定，熟悉《检验检测机构资质认定评审准则》及其相关技术文件的要求。

② 具备从事相关专业检验检测的工作经历，掌握所承担签字领域的检验检测技术，熟悉所承担签字领域的相应标准及技术规范。

③ 熟悉检验检测报告及证书审核签发程序，具备对检验检测结果做出评价的判断能力。

④ 在用机动车尾气排放定期检测站对其签发报告及证书的职责和范围应有正式授权。

⑤ 在用机动车尾气排放定期检测站授权签字人应具有相关专业技术经验或者同等能力。

8）在用机动车尾气排放定期检测站应对抽样、操作设备、检验检测、签发检验检测报告及证书以及提出意见和解释的人员，依据相应的教育、培训、技能和经验进行能力确认。应由熟悉检验检测目的、程序、方法和结果评价的人员对检验检测人员进行监督。

① 在用机动车尾气排放定期检测站应对所有从事抽样、操作设备、检验检测、签发检验检测报告或证书以及提出意见和解释的人员，按其岗位任职要求，根据相应的教育、培训、经历和技能进行能力确认。上岗资格的确认应明确、

清晰，如进行某一项检验检测工作、签发某范围内的检验检测报告或证书等，应由熟悉专业领域并得到检验检测机构授权的人员完成。

② 在用机动车尾气排放定期检测站应设置覆盖其检验检测能力范围的监督员。监督员应熟悉检验检测目的、程序、方法，并能够评价检验检测结果，应按计划对检验检测人员进行监督。检验检测机构可根据监督结果对人员能力进行评价并确定其培训需求，监督记录应存档，监督报告应输入管理评审。

9）在用机动车尾气排放定期检测站应建立和保持人员培训程序，确定人员的教育和培训目标，明确培训需求和实施人员培训，并评价这些培训活动的有效性。培训计划应适应检验检测机构当前和预期的任务。

① 在用机动车尾气排放定期检测站应根据质量目标提出对人员教育和培训要求，并制定满足培训需求和提供培训的政策和程序。培训计划既要考虑检验检测机构当前和预期的任务需要，也要考虑检验检测人员以及其他与检验检测活动相关人员的资格、能力、经验和监督评价的结果。

② 在用机动车尾气排放定期检测站可以通过实际操作考核、检验检测机构内外部质量控制结果、内外部审核、不符合工作的识别、利益相关方的投诉、人员监督评价和管理评审等多种方式对培训活动的有效性进行评价，并持续改进培训方案，以实现培训目标。

10）在用机动车尾气排放定期检测站应保留技术人员的相关资格、能力确认、授权、教育、培训和监督的记录，并包含授权和能力确认的日期。

在用机动车尾气排放定期检测站应对从事抽样、操作设备、检验检测、签发检验检测报告或证书以及提出意见和解释等工作的人员，在能力确认的基础上进行授权，建立并保留所有技术人员的档案，应有相关资格、能力确认、授权、教育、培训和监督的记录，并包含授权和能力确认的日期。

第二节　设备管理

1）检验检测标准或者技术规范对环境条件有要求时或环境条件影响检验检测结果时，应监测、控制和记录环境条件。当环境条件不利于检验检测的开展时，应停止检验检测活动。

① 检验检测标准或者技术规范对环境条件有要求，在用机动车尾气排放定期检测站发现环境条件影响检验检测结果质量时，应监测、控制和记录环境条件。

② 在用机动车尾气排放定期检测站在从事检验检测前应进行环境识别，根据识别结果采取相应的措施。对诸如灰尘、电磁干扰、辐射、湿度和温度等予以重视，使其适应于相关的技术活动。

③ 在用机动车尾气排放定期检测站在环境条件存在影响检验检测的风险和隐患时，需停止检验检测，并经有效处置后，方可恢复检验检测活动。

2）在用机动车尾气排放定期检测站应配备满足检验检测要求的设备和设施。用于检验检测的设施，应有利于检验检测工作的正常开展。

① 在用机动车尾气排放定期检测站应正确配备检验检测所需要的仪器设备。所用仪器设备的技术指标和功能应满足要求，量程应与被测参数的技术指标范围相适应。

② 在用机动车尾气排放定期检测站的设施应满足相关标准或者技术规范的要求，避免影响检验检测结果的准确性。

3）在用机动车尾气排放定期检测站应建立和保持检验检测设备和设施管理程序，以确保设备和设施的配置、维护和使用满足检验检测工作要求。

在用机动车尾气排放定期检测站应建立相关的程序文件，描述检验检测设备和设施的安全处置、运输、储存、使用和维护等的规定，防止污染和性能退化。检验检测机构应确保设备在运输、储存和使用时，具有安全保障。检验检测机构设施应满足检验检测工作需要。

4）在用机动车尾气排放定期检测站应对检验检测结果的准确性或有效性有显著影响的设备，包括用于测量环境条件等辅助测量设备有计划地实施检定或校准。设备在投入使用前，应采用检定或校准等方式，以确认其是否满足检验检测的要求，并标识其状态。

针对校准结果产生的修正信息，检验检测机构应确保在其检测结果及相关记录中加以利用并备份和更新。检验检测设备（包括硬件和软件）应得到保护，以避免出现致使检验检测结果失效的调整。检验检测机构的参考标准应满足溯源要求。

当需要利用期间核查，以保持设备检定或校准状态的可信度时，应建立和保持相关的程序。

① 对检验检测结果有显著影响的设备，包括辅助测量设备（例如用于测量环境条件的设备），在用机动车尾气排放定期检测站应制定检定或校准计划，确保检验检测结果的计量溯源性。

② 在用机动车尾气排放定期检测站应确保用于检验检测的设备及其软件达到要求的准确度，并符合相应的检验检测技术要求。设备在投入使用前应进行检定或校准，以确认其是否满足检验检测标准或者技术规范。

③ 检验检测设备（包括硬件和软件）应得到保护，以避免出现致使检验检测结果失效的调整。

④ 检验检测机构需要内部校准时，应确保：

a. 设备满足计量溯源要求。

b. 限于非强制检定的仪器设备。

c. 实施内部校准的人员经培训和授权。

d. 环境和设施满足校准方法要求。

e. 优先采用标准方法，非标方法使用前应经确认。

f. 进行测量不确定度评估。

g. 可不出具内部校准证书，但应对校准结果予以汇总。

h. 质量控制和监督应覆盖内部校准工作。

⑤ 当仪器设备经校准给出一组修正信息时，检验检测机构应确保有关数据得到及时修正，计算机软件也应得到更新，并在检验检测工作中加以使用。

⑥ 检验检测机构在设备定期检定或校准后应进行确认，确认其满足检验检测要求后方可使用。对检定或校准的结果进行确认的内容应包括：

a. 检定结果是否合格，是否满足检验检测方法的要求。

b. 校准获得的设备的准确度信息是否满足检验检测项目、参数的要求，是否有修正信息，仪器是否满足检验检测方法的要求。

c. 适用时，应确认设备状态标识。

⑦ 需要时，检验检测机构对特定设备应编制期间核查程序，确认方法和频率。检验检测机构应根据设备的稳定性和使用情况来判断设备是否需要进行期间核查，判断依据包括但不限于：

a. 设备检定或校准周期。

b. 历次检定或校准结果。

c. 质量控制结果。

d. 设备使用频率。

e. 设备维护情况。

f. 设备操作人员及环境的变化。

g. 设备使用范围的变化。

5）在用机动车尾气排放定期检测站应保存对检验检测具有影响的设备及其软件的记录。用于检验检测并对结果有影响的设备及其软件，如可能，应加以唯一性标识。检验检测设备应由经过授权的人员操作并对其进行正常维护。若设备脱离了检验检测机构的直接控制，应确保该设备返回后，在使用前对其功能和检定、校准状态进行核查。

① 在用机动车尾气排放定期检测站应建立对检验检测具有重要影响的设备及其软件的记录，并实施动态管理，及时补充相关的信息。记录至少应包括以下信息：

a. 设备及其软件的识别。

b. 制造商名称、型式标识、系列号或其他唯一性标识。

c. 核查设备是否符合规范。

d. 当前位置（适用时）。

e. 制造商的说明书（如果有），或指明其地点。

f. 检定、校准报告或证书的日期、结果及复印件，设备调整、验收准则和下次校准的预定日期。

g. 设备维护计划，以及已进行的维护记录（适用时）。

h. 设备的任何损坏、故障、改装或修理。

② 检验检测机构应指定人员操作重要的、关键的仪器设备以及技术复杂的大型仪器设备，未经指定的人员不得操作该设备。

③ 设备使用和维护的最新版说明书（包括设备制造商提供的有关手册）应便于检验检测人员取用。用于检验检测并对结果有影响的设备及其软件，如可能，均应加以唯一性标识。

④ 应对经检定或校准的仪器设备的检定或校准结果进行确认。只要可行，应使用标签、编码或其他标识确认其检定或校准状态。

⑤ 仪器设备的状态标识可分为"合格""准用"和"停用"三种，通常以"绿""黄""红"三种颜色表示。

⑥ 设备脱离了检验检测机构，这类设备返回后，在使用前，检验检测机构需对其功能和检定、校准状态进行核查，得到满意结果后方可使用。

6）当设备出现故障或者异常时，检验检测机构应采取相应措施，如停止使用、隔离或加贴停用标签、标记，直至修复并通过检定、校准或核查表明设备能正常工作为止。应核查这些缺陷或超出规定限度对以前检验检测结果的影响。

曾经过载或处置不当、给出可疑结果，或已显示有缺陷、超出规定限度的设备，均应停止使用。这些设备应予隔离，以防误用，或加贴标签、标记，以清晰表明该设备已停用，直至修复。修复后的设备为确保其性能和技术指标符合要求，必须经检定、校准或核查表明其能正常工作后方可投入使用。检验检测机构还应对这些因缺陷或超出规定极限而对过去进行的检验检测活动造成的影响进行追溯，发现不符合应执行不符合工作的处理程序，暂停检验检测工作、不发送相关检验检测报告或证书，或者追回之前的检验检测报告或证书。

7）在用机动车尾气排放定期检测站应建立和保持标准物质管理程序。可能时，标准物质应溯源到 SI 单位或有证标准物质。检验检测机构应根据程序对标准物质进行期间核查。同时按照程序要求，安全处置、运输、储存和使用标准物质，以防止污染或损坏，确保其完整性。

第三节　检测报告管理

在用机动车尾气排放定期检测站检验检测数据、结果仅证明所检验检测机

动车排气污染物的符合性情况。

一、报告的完整性审查

在用机动车尾气排放定期检测站应准确、清晰、明确、客观地出具检验检测结果，并符合检验检测方法的规定。结果通常应以检验检测报告或证书的形式发出。检验检测报告或证书应包括的信息如下：

1）标题。

2）标注资质认定标志，加盖检验检测专用章（适用时）。

3）检验检测机构的名称和地址，检验检测的地点（如果与检验检测机构的地址不同）。

4）检验检测报告或证书的唯一性标识（如系列号）和每一页上的标识，以确保能够识别该页是属于检验检测报告或证书的一部分，以及表明检验检测报告或证书结束的清晰标识。

5）客户的名称和地址（适用时）。

6）对所使用检验检测方法的识别。

7）检验检测样品的状态描述和标识。

8）对检验检测结果的有效性和应用有重大影响时，注明样品的接收日期和进行检验检测的日期，以及特定检验检测条件的信息，如环境条件。

9）对检验检测结果的有效性或应用有影响时，提供检验检测机构或其他机构所用的抽样计划和程序的说明。

10）检验检测报告或证书的批准人。

11）检验检测结果的测量单位（适用时）。

二、报告有效性、合法性的审查

1）检验机构从事的检验项目是否在资质认定的检验检测项目范围，机构是否具备开展机动车环保检验工作的资质，且是否在有效期内。

2）做出检验报告的程序是否符合法律、法规、规章及技术规程程序要求的规程，质量审查是否符合检验报告三级审核流程，系主检（一审）、审核（二审）、批准（三审）的三级审核。

3）检测人员（设备操作员、驾驶操作员）、审核人员、授权签字人等是否具备从事机动车环保检验的资格。

4）开展环检工作所用的仪器设备，是否经过法定检定机构的检定或校准，是否在有效期内，校准的仪器设备是否经过确认。

5）开展检验工作的管理性依据（法律、法规、规章等）是否恰当有效，技术性依据（技术标准、技术规范等）是否正确有效，审查检验报告所依据的其

他材料是否充分可靠。

三、报告符合性的审查

1. 检验方法的符合性审查

当审查检验报告时，应确认被测车辆所使用的检测方法是否符合有关规定。

2. 仪器设备符合性审查

审查测试所用的仪器设备是否符合相关要求。主要包括如下：

1）仪器设备是否符合标准测试方法的要求。

2）仪器设备的精度、量程等技术特性是否符合有关计量标准要求。

3）仪器设备的使用条件和使用环境是否符合相关要求。

3. 人员的符合性审查

主要审查检验人员、审查人员、授权签字人等是否是在其被授权的领域内开展工作。

4. 检测数据结果的审查

1）审查检测数据的采集、传输、处理及储存是否符合相关要求。

2）审查检测原始记录与检验报告的一致性。

3）审查检测数据的评判是否符合检测限值标准的规定。

4）审查检验结论是否符合有关规定要求。

四、异常数据结果的处理

当审查检测报告时，若发现检测数据异常或检测结果明显不合理，应立即停止其他车辆检测工作，分析产生数据异常的原因，对产生异常数据的样车进行复测，有必要时应对仪器设备进行核查（用标准气体或标准滤光片标定）或进行人员间的比对试验，直至找出偏离的原因，并进行纠正和验证，若需要还应采取预防措施。

五、不合格检验报告的处理

对于检验不合格的机动车，应根据检测出的数据结果向车主给出维修的建议。一般情况下：

1）一氧化碳（CO）排放过高主要是混合气浓时，由于空气量不足引起可燃混合气的不完全燃烧。表明燃油供给过多、空气供给过少、燃油供给系统和空气供给系统有故障，如空气滤清器不洁净、混合气不洁净、活塞环胶结阻塞、燃油供应太多、空气太少、点火提前角过大（点火太早）和曲轴箱通风系统受阻等。

2）碳氢化合物（HC）排放过高，HC 是燃料没有完全燃烧或没有燃烧的产物。混合气过稀：气缸压力不足、发动机温度过低、混合气由燃烧室向曲轴箱泄漏、燃油管泄漏、燃油压力调节器损坏。混合气过浓：油箱中油气蒸发、燃油回油管堵塞、燃油压力调节器损坏。点火正时不准确、点火间歇性不跳火、温度传感器不良、喷油器漏油或堵塞、油压过高或过低等因素都将导致 HC 读数过高。

3）氮氧化合物（NO_x）排放过高，可能性最大的原因是 EGR 阀工作不好造成的或者是气缸里面有炽热点造成爆燃现象。当燃烧室内产生爆燃时，气缸温度大幅提高，这可能导致过多的 NO_x 排放。而气缸的爆燃可能是由于点火提前角过大、燃烧室中的积炭和点火控制系统故障造成的。冷却液温度过高也会促成爆燃。

4）柴油车排放烟度超标，主要是发动机气缸内的混合气不能充分燃烧，会造成尾气排放超标，其原因主要是气缸压缩压力降低和供油系统故障。可从气缸磨损度、喷油器和高压油泵、供油时间变化、气门间隙、空气滤清器、进排气管路等方面进行检查。

 第四节 "机动车环保检验作业指导书" 的编写

一、基本概念

"机动车环保检验作业指导书"是用来描述机动车排放污染物检验过程的质量管理体系文件，即机动车环保检验所具备的基本条件、适用的标准、检验项目或参数、操作过程、数据处理和注意事项等一系列具体可操作的技术文件。使机动车环保检验工作有章可循，使检验过程的控制规范化，处于受控状态。以确保机动车环保检验工作质量。

二、分类

1. 按检测仪器设备的功能或检测项目、参数编写。

同一台检测仪器设备可独立检测相关参数或项目，也可与其他检验仪器设备配套检验参数或项目。如排气分析仪，可独立测怠速法、双怠速法，也可与底盘测功机、汽车排气流量分析仪和通风机等设备配套，进行点燃式发动机汽车稳态工况法（ASM5025、ASM2540）、瞬态工况法和简易瞬态工况法（VMAS）等相关参数的检验。

2. 按检验方法和适用标准规定的检测参数或项目编写

根据政府和环保主管部门规定的检验方法和适用标准，编写整套环保检验

仪器设备的作业指导书。

3. 机动车环保检验仪器设备的期间核查作业指导书

检验机构为保证本机构出具的检验数据准确，在两次检定期间对检验仪器设备的置信度进行检查，一般只做零值误差和示值误差的核查，并对其核查结果进行评价的作业指导书。

三、编写作业指导书的九大要素

1）检测参数或项目，即政府和环保主管部门规定的检测参数或项目。

2）检测依据（标准、法规）。

3）检测工作环境要求。实际工作环境条件的监控，与规定的标准工作状态环境条件的修正。

4）检测仪器设备。设备及配套仪器、量具的规格型号、精度、测量范围和工作条件等。

5）操作过程。仪器设备开机预热、校准，车辆预先检查，车辆上线前调整要求、上线检测操作要求（单机检测、联机检测），检测注意事项等。

6）记录。电子或纸质预检记录、单机检验和联机检验记录的要求。

7）数据处理。检测结果参数的采集、计算、记录和处理（修约间隔或有效位数的修约），检测设备校准值与结果参数的修正，实际工作环境条件与标准工作状态下环境条件与结果参数的修正等。

8）结果判定。根据政府和环保主管部门规定的检测方法、各类机动车环检参数或项目合格的限值，判定机动车合格与否。

9）仪器设备的检定、期间核查与维护。各仪器设备的检定周期、期间核查要求。各仪器设备的日常维护周期、维护项目和要求。仪器设备出现故障和修理的要求。

四、作业指导书范例

机动车尾气排放检测作业指导书、设备期间检查作业指导书的部分范例，见附录。

附　　录

附录A　在用汽车加载减速工况作业指导书

×/××

××市汽车环保定期检测机构管理体系文件

技术文件

在用汽车加载减速工况作业指导书

版次：C/1　　　　　　　　页次：

编制：××　　　　　　　　日期：

审核：×××　　　　　　　日期：

批准：×××　　　　　　　日期：

受控印章：

持有人：

20××-××-××日发布　　　　　　20××-××-××实施

××市汽车环保定期检测机构

×××市汽车环保定期检测机构作业指导书	文件编号：
在用压燃式发动机汽车加载减速试验 不透光烟度法作业指导书	第 1 页共 8 页
	第 C 版第 1 次修改
	颁布日期：

1 检测参数

实际最大轮边功率、光吸收系数。

2 检测标准

GB 3847—2005《车用压燃式发动机和压燃式发动机汽车排气烟度排放限值及测量方法》

HJ/T 241—2005《确定压燃式发动机在用汽车加载减速法排气烟度排放限值的原则和方法》

3 测试环境条件

环境温度：0～40℃

环境湿度：＜85%

大气压力：80～110kPa

4 检测设备

MQY-200 不透光烟度计、CDM-1300LA 型汽车底盘测功机、CDM-300DA 汽车底盘测功机、AVL DISPEED 492 万用转速表。

4.1 适用范围

装用压燃式发动机，最大总质量大于400kg。最大设计车速大于或等于50km/h 的在用汽车。

4.2 技术参数

4.2.1 MQY-200 不透光烟度计工作条件：

电压：AC220×（H10%） V

频率：（50±1）Hz

温度：0～40℃

相对湿度：0～90%

测量范围：

不透光度（N）：0～99.90%

光吸收系数（k）：0～16.08%

烟气温度：0～150℃

转速：300～9999r/min

油温：0～200℃

示值误差：

不透光度：±2.0%（绝对误差）

转速（电压式）：±50r/min（绝对误差）

油温：±5℃（绝对误差）

烟气温度：±5℃（绝对误差）

分辨力：

不透光度：0.01%

光吸收系数：0.01m^{-1}

烟度温度：1℃

油温：1℃

转速：1r/min

4.2.2　CDM-1300LA 型汽车底盘测功机工作条件：

环境温度：0~40℃

相对湿度：<85%

大气压力：80~110kPa

电源：单相 AC 220×（1±10%）V　50×（1±10%）Hz，三相 AC 380×（1±10%）V　50×（1±10%）Hz

气源：0.8~1.0MPa

技术参数：

最大轴载质量：13000kg

最高试验车速：130km/h

峰值吸收功率：单轴 350/双轴 700kW（70km/h）

最大驱动力：单轴 11000N

反拖电动机功率：15kW

变频反拖速度：90km/h

举升方式：空气弹簧

举升能力：13000kg

举升气压：0.8~1.0MPa

电源：AC 220×（1±10%）V，50Hz

示值误差：

速度测量误差：±0.16km/h

驱动力测量误差：±1%

恒速控制误差：±0.1km/h

恒转矩控制误差：±1%

吸收功率控制误差：±0.2kW

4.2.3 CDM-300DA 汽车底盘测功机

电源：单相 AC220×（1±10%）V　50×（1±10%）Hz，三相
　　　AC380×（1±10%）V　50×（1±10%）Hz

温度：0~40℃

湿度：<85%

气压：80.0~110.0kPa

气源：0.6~0.8MPa

额定承载质量：3000kg

最高试验车速：130km/h

最大吸收功率：160kW

最大驱动力：5000N

基本惯量：（907±18）kg

速度测量误差：±0.16km/h

恒速控制误差：±0.2km/h

恒力控制误差：±20N

距离测量误差：

驱动力测量误差：

吸收功率测量误差：±0.2kW

4.2.4 AVL DISPEED 492 万用转速表

工作条件：

湿度：<90%，非凝结状态

转速测量范围：400~6000r/min

电源：12V DC，350mA

测试单元工作温度：0~50℃

传感器导线工作温度：0~65℃

5　检测操作规程

5.1　单机检测

开启检测仪电源，对不透光烟度计预热 15min，对底盘测功机预热 30min
后，检验员用复位键对烟度计仪器进行校零。

5.1.1　车辆预先检查

5.1.1.1　待检车辆完成检测登记后，驾驶检测员应将车辆驾驶到底盘测功机前
等待检测，并进行车辆的预先检查。预先检查的目的是核实受检车辆是否与行
驶证相符，并评价车辆的状况是否能够进行加载减速检测，如果出现下列情况
或缺陷，均不能进行检测：

（1）车辆与车辆行驶证不符合，车辆身份无法确认的。

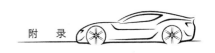

（2）里程表失灵、机油压力偏低、冷却液温度表失灵及空气制动阀压力偏低等仪表无法正常工作的。

（3）车辆制动失灵的。

（4）机动车车身和结构有问题，驾驶人无法在短时间内打开车门、车身的任何部分与车轮或传动轴相接触，在加载和卸载时，车身部件有可能损坏检测设备的。

（5）发动机无法加满冷却液、冷却系统泄漏、散热器管路有裂缝、冷却风扇及传动带损坏或无法正常工作、发动机机油量不足；或发动机工作过程中，机油严重泄漏，甚至泄漏到排气系统上；涡轮增压器的润滑油可能泄漏；空气滤清器丢失或损坏，或中冷器严重堵塞；真空管损坏、供油系统（高压油泵或喷油器）故障；调速器工作不正常；怠速时排气管排出过浓的白烟蓝烟；燃料油位偏低；发动机进排气管松脱、排放系统严重泄漏；发动机有异响的。

（6）变速器油严重泄漏、变速器异响的。

（7）驱动轴和轮胎损坏、固定螺钉松动或丢失、轮胎损坏；轮胎橡胶磨损超过厂商设定的警告线；轮胎在行驶中不正常膨胀，或轮胎等级低于 70km/h；使用了不符合尺寸的轮胎；轮胎有径向或横向裂纹；轮胎间夹杂其他物的。

5.1.1.2　在将车辆驾驶上底盘测功机前，检测员还应对受检车辆进行以下调整：

（1）中断车上所有主动型制动功能和转矩控制功能（自动缓速器除外），例如中断防抱死制动系统（ABS）、电子稳定程序（ESP）等。

（2）关闭车上所有以发动机为动力的附加设备（如空调），切断其动力传递机构，确定车辆是否是空载，是否附加动力装置。

（3）除检测驾驶人外，受检车辆不能载客，也不能装载货物，不得有附加的动力装置。必要时，可以用测试驱动桥质量的方法，来判断底盘测功机是否能够承受待检车辆驱动桥的质量。

5.1.1.3　对非全时四轮驱动车辆，应选择后轮驱动方式。

5.1.1.4　对紧密型多驱动轴的车辆，或全时四轮驱动车辆，不能进行加载减速检测，应进行自由加速排气烟度排放检测。

5.1.1.5　对预检不合格的车辆均不得进行加载减速排气烟度试验，待检修合格后才能进行检测。

5.1.2　检测系统检查

5.1.2.1　举起测功机升降板，并检测是否已将滚筒牢固锁好。将车辆以 5km/h 的速度匀速驶上底盘测功机，且将驱动轮置于滚筒中间位置，降下测功机，松开滚筒制动器，待举升器完全降下后，引车员缓慢驾车使受检车辆车轮与试验滚筒完全吻合。

5.1.2.2　引车员轻踩制动使车轮停止转动，发动机熄火，变速器置于空档，将楔形块放入非驱动轮下方固定，将发动机舱盖打开让冷却风扇对准发动机，且打开电源。

5.1.2.3　连接好发动机转速传感器，起动发动机，选择合适的档位，使油门处于全开位置时，测功机指示车速最接近 70km/h。计算机判定测功机是否能够吸收受检车辆的最大功率，如超过测功机的功率吸收范围，应停止检测。

5.1.3　排气烟度检测

5.1.3.1　检验员检查不透光烟度计的零刻度和满刻度，确定烟度计正常后，根据提示将取样探头插入受检车辆排气管中，其深度不小于 400mm。

5.1.3.2　变速器置于空档，记录这时发动机的怠速工况转速，然后逐渐增大油门直到开度达到最大，并保持最大开度状态，记录这时发动机的最大转速，然后松开加速踏板，使发动机回到怠速状态。

5.1.3.3　使用前进档驱动被检车辆，选择合适的档位，使油门处于全开位置时，测功机指示车速最接近 70km/h，但不能超过 100km/h（装有自动变速器的汽车应不能在超速档下进行测试）。

5.1.3.4　根据 5.1.3.2 和 5.1.3.3 判断是否可以进行加载减速测试，如判定不适合应马上停止测试。

5.1.3.5　经判定适合检测后，将底盘测功机切换到自动检测状态，引车员选择合适的档位，将油门处于全开位置时，使测功机指示车速最接近 70km/h，直到程序提示松开加速踏板为止。在此期间底盘测功机检测程序将自动检测出实测最大轮边功率时的滚筒线速度（VelMaxHP），当滚筒线速度测得后测功机自动对被测汽车进行三次加载减速，此时仪器在三次加载减速的时间内对 VelMaxHP、90% VelMaxHP、80% VelMaxHP 三工况点进行取样，仪器将显示排气光吸收系数的测量数据。

5.1.3.6　检测结束后，取下取样探头，车辆驶离工位，程序自动退出测试程序，然后用 300～400kPa 的压缩空气吹尽取样探头、取样软管内的烟尘。

5.2　联机检测

5.2.1　根据司机助手的提示，引车员和检验员执行 5.1.1～5.1.2 程序，进行车辆预先检查和系统检测等准备工作。

5.2.2　根据司机助手的指示，引车员执行 5.1.3.2 和 5.1.3.3 程序，对车辆是否符合加载减速测试要求进行判定。

5.2.3　经判定符合检测后，根据司机助手的指示，引车员将底盘测功机切换到自动状态，后选择合适的档位，将油门处于全开位置时，使测功机指示车速最接近 70km/h，直到程序提示松开加速踏板为止。在此期间底盘测功机检测程序将自动检测出实测最大轮边功率时的滚筒线速度（VelMaxHP），当转速线速度

测得后底盘测功机自动对被检车辆进行三次加载减速,此时仪器在三次加载减速的时间内对 VelMaxHP、90% VelMaxHP、80% VelMaxHP 三工况点进行取样,仪器将显示排气光吸收系数的测量数据。

5.2.4　检测完毕后,程序将测试数据自动存入数据库,清洗系统自动清洗取样管及取样探头。车辆驶离本工位。

6　注意事项

6.1　MQY-200 不透光烟度计

6.1.1　不要让水、化学溶剂、苯或者汽油等溅到设备上。

6.1.2　不要使设备受到冲击和振动,应定期保养维护,不要让仪器吸入水蒸气。

6.1.3　通信数据线、打印机等外设备与本仪器的连接需在双方断电的条件下进行,切不可热拔插头。

6.1.4　设备的熔断器烧坏后,必须用相同型号的熔断器更换。

6.1.5　当设备校准时,必须使用标准滤光片,以确保设备测量精度。

6.1.6　汽车排气系统不得有泄漏现象。

6.1.7　当仪器在诊断测试或怠速测试状态时,不得随意关闭电源。

6.1.8　避免日光直射或潮湿环境。

6.2　CDM-1300LA 型汽车底盘测功机

6.2.1　不允许轴载质量大于 13t 的车辆进行检查或通过测功机。

6.2.2　车辆、行人均不允许进入测功机盖板。

6.2.3　车辆轮胎气压必须达到规定值,且左右轮胎胎压基本相当。

6.2.4　车辆驶上测功机前,底盘下部应清洁干净,将黏、嵌在胎上的泥沙和石块清洁干净。

6.2.5　为保证精度,每天使用前,底盘测功机应预热 5min,可用汽车带动滚筒组空转。

6.2.6　系统需预热 10min 以上。

6.2.7　当汽车为前轮驱动时,应使汽车处于直线行驶状态并安装限位滚筒,测试时请一定拉紧后轮驻车制动,以免前轮左右摆动。

6.2.8　被测车辆一般应为空载状态。当用高速（80～100km/h）进行测试时,应特别注意安全操作,测试时间每次不得超过 2min。

6.2.9　测试时,一定要用楔形块抵住汽车非驱动轮或用牵引绳拉住。测试中,汽车前、后均严禁站人或通行。

6.2.10　对前、后驱动车辆,在测试时必须将非测试桥（不在滚筒上的桥）与动力源脱开,否则不允许测试。

6.2.11　在测试中不得将举升器升起接触到被测车轮,避免汽车从台上冲出,

造成重大事故。

6.2.12 在测试时，应缓慢增大油门开度。当汽车发动机有"闷车"倾向时，应及时调整档位，避免发动机"闷车"或汽车从台上冲出的重大事故。

6.2.13 在测试过程中，严禁举升器升起。严禁被测车轮接触到举升板。

6.2.14 若只进行功率测试，则在测功完毕后，让本机空载旋转 1min 以上，确保测功机散热。

6.2.15 测试结束后，应切断总电源和气源。

6.3 AVL DISPEED 492 万用转速表

6.3.1 在安装时，若安装在某位置（发动机为怠速状态）10s 后，状态二极管仍亮为红色，则更换其安装位置。

6.3.2 不可用锋利物清洁麦克风孔隙。

6.3.3 不可对着传感器表面成直角处吹压缩空气。

7 记录、数据处理

7.1 检测结果记录由计算机自动保存于服务器数据库中。

7.2 数据经系统处理后，自动打印机动车环保排气污染物检测报告。

8 结果判定

8.1 按 HJ/T 241-2005《确定压燃式发动机在用汽车加载减速法排气烟度排放限值的原则和方法》中的第 4.3.1 条对光吸收系数率进行判定，如果在三个工况点（即 VelMaxHP 点、90% VelMaxHP 点和 80% VelMaxHP）测得的光吸收系数 k 中，有一项超过规定的排放限值，则判定受检车辆排放不合格。具体限值参考《车用压燃式发动机和压燃式发动机汽车排气烟度排放限值及测量方法》（GB 3847——2005）的附录 A。详见表附录-1。

表附录-1 加载减速法排放限值范围

车 型		光吸收系数/m⁻¹	备注
轻 型 车	重 型 车	$光吸收系数/m^{-1}$	备注
2005 年 7 月 1 日起生产的第一类轻型汽车和 2006 年 7 月 1 日起生产的第二类轻型汽车	2004 年 9 月 1 日起生产的重型车	1.00 ~ 1.39	
2000 年 7 月 1 日起生产的第一类轻型汽车和 2001 年 10 月 1 日起生产的第二类轻型汽车	2001 年 9 月 1 日起生产的重型车	1.39 ~ 1.86	
2000 年 7 月 1 日以前生产的第一类轻型汽车和 2001 年 10 月 1 日以前生产的第二类轻型汽车	2001 年 9 月 1 日以前生产的重型车	1.86 ~ 2.13	

8.2　按 HJ/T 241-2005《确定压燃式发动机在用汽车加载减速法排气烟度排放限值的原则和方法》中的第4.3.2条对实际测得的最大轮边功率进行判定，如果受检车辆在功率扫描过程中测得的实际最大轮边功率值低于制造厂规定的发动机标定功率值的50%，也被判定为排放不合格。

8.3　排放不达标的车辆，应经维护、调整或修理后再次上线检测，直至排放符合标准。

9　检定、期间核查与维护

9.1　检定周期为一年，按计划由法定计量鉴定机构进行。

9.2　定期对汽车排放检测设备进行期间核查，原则上半年一次。详见 Q/NQ. JS. 02-03—2016《不透光烟度计期间核查作业指导书》、Q/NQ. JS. 02-02—2016《排气分析仪期间核查作业指导书》、Q/NQ. JS. 02-04—2016《汽车排气污染物检测用底盘测功机期间核查作业指导书》。

9.3　MQY-200 不透光烟度计日常维护

9.3.1　每天使用前必须按说明书进行零点校正。

9.3.2　每天检查烟度计取样探头，取样软管有无压扁、破裂、堵塞和污染，必要时可用压缩空气吹洗或更换。

9.3.3　每周都用清洁刷子，对测量室管内、边沿的烟尘进行清扫，清扫时不得接触和损伤两端的光学透镜。不得将刷子从废气入口插入，以防损坏其内部的温度传感器。

9.3.4　每周必须用柔软干净的湿布，对两端的透镜进行轻轻拭擦，注意不损伤透镜。

9.3.5　每周用水和干净的布清洁取样探头、导管的内部和外部。

9.3.6　每周检查、调整压缩空气。压缩空气的压力应按 300~400kPa 设置。检查滤纸是否变质或受潮，必要时应予以更换。

9.4　CDM-1300LA 型汽车底盘测功机

9.4.1　测功机主、副滚筒轴承每月加注一次润滑油（2号锂基润滑脂）润滑。

9.4.2　定期对主、副滚筒轴承进动传动检查（每月一次），若发现轴承有异响或滚筒转动不灵时，应及时调整和检修，必要时应更换轴承，严禁设备带病工作。

9.4.3　定期对联轴器加注钠基润滑脂（俗称黄油）。

9.4.4　每周检查电动机传动带的张紧度，如有松动可能会导致同步传动带脱落或齿滑，调节张紧轮位置，以张紧传动带。

9.4.5　传感器及控制箱不允许受潮。

9.5　AVL DISPEED 492 万用转速表

每天用清洁剂对传感器进行清洁擦拭，或用压缩空气平吹传感器顶。

附录 B 汽车排气分析仪期间核查作业指导书

×/××

××市汽车环保定期检测机构管理体系文件

技术文件

汽车排气分析仪期间核查作业指导书

版次：C/1　　　　　页次：

编制：××　　　　　日期：

审核：×××　　　　日期：

批准：×××　　　　日期：

受控印章：

持有人：

20×× - ×× - ××日发布　　　20×× - ×× - ××实施

××市汽车环保定期检测机构

×××市汽车环保定期检测机构作业指导书	文件编号：
排气分析仪期间核查作业指导书	第　1　页共　5　页
	第　D　版第　1　次修改
	颁布日期：

1　核查项目或参数

1.1　示值误差

1.2　零位漂移

2　适用标准、法规

下列标准的条款通过本作业指导书的引用，而成为本作业指导书的条款。鼓励使用下列文件的最新版本，以新条款取代本作业指导书原引用的相应条款。

JJG 668——2007《汽车排放气体测试仪检定规程》

GB 18285——2005《点燃式发动机汽车排气污染物排放限值及测量方法（双怠速法及简易工况法）》

3　核查工作环境条件

环境温度：5～40℃

相对湿度：≤85%

大气压：86～106kPa

电源电压：AC 220×（1±10%）V　　（50±1）Hz

4　核查设备

4.1　型号规格　MQW-50A 型排气分析仪

4.2　技术参数

［CO］：0.00～15.00（vol）

［HC］：0～9999（vol）

［CO_2］：0.00～18.00（vol）

［O_2］：0～25.00（vol）

［NO］：0～5000（vol）

4.3　使用设备和核查方法

4.3.1　使用设备：标准气体（应符合表附录-2的要求）。

4.3.2　核查方法：使用标准物质核查。

5　核查操作规程

5.1　准备工作

5.1.1　接通电源，仪器进入预热状态，仪器预热时间为30min。

5.1.2　预热完成后起动气泵，调好测试仪的零位后将气泵关闭。

5.2　核查示值误差

5.2.1　向测试仪通入符合表附录-2中规定的4号标准气体，调整测试仪的示值，使其与标准气体的标称值相符。

5.2.2　依次向测试仪通入符合表附录-2中规定的1号、2号、3号和4号标准气体，待示值稳定后，记录测试仪相应示值。共测量三次。

5.3　核查零位漂移

5.3.1　测试仪完成预热后起动气泵，通入清洁空气，对测试仪进行零位调整后记录测试仪相应示值。

5.3.2　关闭气泵，向测试仪通入符合表附录-2中规定的3号标准气体，待示值稳定后，记录测试仪相应示值。

5.3.3　重新起动气泵，使测试仪继续运行。每隔15min记录1次零位示值和通入标准气体时测试仪示值。零位示值应在开泵时读取，通入标准气体时应先关闭气泵。

6　记录

将示值误差和零位漂移记录在表附录-4上。

7　数据处理

7.1　示值误差

按式（附录-1）、式（附录-2）计算示值误差：

$$\Delta_i = \bar{x}_{di} - x_s \qquad (附录-1)$$

$$\delta_i = \frac{x_{di} - x_s}{x_s} \times 100\% \qquad (附录-2)$$

式中　Δ_i——第i检定点的示值绝对误差；

　　　$\bar{x}_{di}$——第i检定点的3次测量结果的平均值；

　　　x_s——标准气体的标称值；

　　　δ_i——第i检定点的示值相对误差。

7.2　零位漂移

按式（附录-3）计算［HC］、［CO］、［CO_2］、［NO］零位漂移的绝对误差。

$$\Delta Z_j = Z_j - Z_0 \qquad (附录-3)$$

式中　ΔZ_j——第j次零位漂移的绝对误差；

　　　Z_j——第j次的零位示值；

Z_0——检定开始时的零位示值。

按式（附录-4）计算 $[O_2]$ 零位漂移的相对误差。

$$\delta Z_j = \frac{Z_j - Z_0}{Z_0} \times 100\% \qquad （附录-4）$$

式中　δZ_j——第 j 次的零位漂移的相对误差。

8　结果判定

8.1　示值误差

符合表附录-3 的要求。

8.2　零位漂移

排气分析仪 1h 的零位漂移应不超过表附录-3 中示值允许误差。

9　维护及注意事项

9.1　维护

9.1.1　每年应更换 $[O_2]$ 传感器和 $[NO_x]$ 传感器。

9.1.2　根据使用情况定期进行泄漏检查、调零检查。

9.1.3　根据使用情况定期更换滤清器的过滤元件，如前置滤清器、油水分离器和双层滤清器等。

9.1.4　根据使用情况定期清洁取样导管，以保持导管内无残留物。

9.2　注意事项

9.2.1　设备安放于干燥的地方，不可用潮湿的东西触摸设备；远离热源和空气污染的地方。

9.2.2　不要使设备受到冲击和振动。

9.2.3　工作时设备与地面绝缘，不可用湿手触摸设备。

9.2.4　设备的熔断器烧坏后，必须用相同型号的熔断器更换。

9.2.5　当使用标准气对设备进行校准时，必须对标准气进行减压后方可连接。

9.2.6　切不可让水、灰尘或其他非气体物质进入仪器，否则滤清器将堵塞并污染仪器内部器件而导致不能正常测量。

9.2.7　应根据使用情况定期检查取样管的长度。采用双怠速法时取样管长度为 4~6m，而采用简易瞬态工况法时取样管长度为 (7.5 ± 0.15) mm。两种方法的取样管长度不同，不得将其混淆，否则将会产生检测结果不真实，判定结果错误的后果。

示值允许误差、重复性和示值漂移期间核查用标准气体的标准值见表附录-2。测量范围及示值允许误差见表附录-3。排气分析仪期间核查原始记录见表附录-4。

表附录-2　示值允许误差、重复性和示值漂移期间核查用标准气体的标准值

气体名称	物质的摩尔分数			
	1号	2号	3号	4号
氮中丙烷气体标准物质	200×10^{-6}	960×10^{-6}	1920×10^{-6}	3200×10^{-6}
氮中一氧化碳气体标准物质	0.5×10^{-2}	2.4×10^{-2}	4.8×10^{-2}	8.0×10^{-2}
氮中二氧化碳气体标准物质	3.6×10^{-2}	6.0×10^{-2}	7.2×10^{-2}	12.0×10^{-2}
氮中氧气标准物质	0.5×10^{-2}	5.0×10^{-2}	10.0×10^{-2}	20.9×10^{-2}
氮中一氧化氮气体标准物质	300×10^{-6}	900×10^{-6}	1800×10^{-6}	3000×10^{-6}

表附录-3　测量范围及示值允许误差

气体种类	测量范围	示值允许误差	
		绝对误差	相对误差
HC	$(0 \sim 2000) \times 10^{-6}$	$\pm 12 \times 10^{-6}$	$\pm 5\%$
	$(2001 \sim 9999) \times 10^{-6}$	—	$\pm 10\%$
CO	$(0.00 \sim 10.00) \times 10^{-2}$	$\pm 0.06 \times 10^{-2}$	$\pm 5\%$
	$(10.01 \sim 16.00) \times 10^{-2}$	—	$\pm 10\%$
CO_2	$(0.00 \sim 18.00) \times 10^{-2}$	$\pm 0.5 \times 10^{-2}$	$\pm 5\%$
NO	$(0 \sim 4000) \times 10^{-6}$	$\pm 25 \times 10^{-6}$	$\pm 4\%$
	$(4001 \sim 5000) \times 10^{-6}$	—	$\pm 8\%$
O_2	$(0.0 \sim 25.0) \times 10^{-2}$	$\pm 0.1 \times 10^{-2}$	$\pm 5\%$

注：表中所列绝对误差和相对误差，满足其中一项要求即可。

表附录-4 排气分析仪期间核查原始记录

设备名称					设备编号		
规格型号					出厂日期		
生产厂商					出厂编号		
环境温度					相对湿度		

期间核查使用设备：标准气体	期间核查方法：使用标准物质核查

核查项目	核查内容及数据处理						

	气体种类	标准值	排气分析仪示值				示值误差	
			1	2	3	平均值	绝对误差	相对误差
示值误差	HC ($\times 10^{-6}$)							
	CO ($\times 10^{-2}$)							
	CO_2 ($\times 10^{-2}$)							
	O_2 ($\times 10^{-2}$)							
	NO ($\times 10^{-6}$)							

核查项目	核查内容及数据处理						

	时间		0min	15min	30min	45min	60min	最大绝对漂移	最大相对漂移
零位漂移和示值漂移	HC ($\times 10^{-6}$)	Z_i						$\Delta Z_{max}=$	—
		M_i						$\Delta S_{max}=$	$\delta S_{max}=$ %
	CO ($\times 10^{-2}$)	Z_i						$\Delta Z_{max}=$	—
		M_i						$\Delta S_{max}=$	$\delta S_{max}=$ %
	CO_2 ($\times 10^{-2}$)	Z_i						$\Delta Z_{max}=$	—
		M_i						$\Delta S_{max}=$	$\delta S_{max}=$ %
	O_2 ($\times 10^{-2}$)	Z_i						$\Delta Z_{max}=$	—
		M_i						$\Delta S_{max}=$	$\delta S_{max}=$ %
	NO ($\times 10^{-6}$)	Z_i						$\Delta Z_{max}=$	—
		M_i						$\Delta S_{max}=$	$\delta S_{max}=$ %

结论：

操作人：   设备管理员：

技术负责人：   质量负责人：

核查时间：   年   月   日

附录 C　测试题及答案

一、填空题

1. 《中华人民共和国大气污染防治法》由第十二届全国人民代表大会常务委员会第十六次会议于 2015 年 8 月 29 日修订通过，自＿＿＿＿＿＿＿＿＿＿起施行。（2016 年 1 月 1 日）

2. 制定燃油质量标准，应当符合国家＿＿＿＿＿＿＿＿＿＿要求，并与国家机动车船、非道路移动机械大气污染物排放标准＿＿＿＿＿＿，＿＿＿＿＿＿。（大气污染物控制；相互衔接；同步实施）

3. 非道路移动机械，是指＿＿＿＿＿＿＿＿＿＿＿＿＿＿＿＿＿＿。（装配有发动机的移动机械和可运输工业设备）

4. 国家采取财政、税收和政府采购等措施推广应用＿＿＿＿＿＿＿＿＿＿，限制＿＿＿＿＿＿＿＿＿＿＿＿＿＿＿＿＿的发展，减少化石能源的消耗。（节能环保型和新能源机动车船，非道路移动机械；高油耗、高排放机动车船，非道路移动机械）

5. 省、自治区、直辖市人民政府可以在条件具备的地区，＿＿＿＿＿＿国家机动车大气污染物排放标准中相应阶段排放限值，并报＿＿＿＿＿＿环境保护主管部门备案。（提前执行；国务院）

6. 机动车船、非道路移动机械不得＿＿＿＿＿＿排放大气污染物。（超过标准）

7. 禁止＿＿＿＿＿＿＿＿＿＿＿＿＿大气污染物排放超过标准的机动车船、非道路移动机械。（生产、进口或者销售）

8. 省级以上人民政府环境保护主管部门可以通过＿＿＿＿＿＿＿＿＿＿等方式，加强对新生产、销售机动车和非道路移动机械大气污染物排放状况的监督检查。（现场检查、抽样检测）

9. 县级以上人民政府环境保护主管部门对大气污染防治实施＿＿＿＿＿＿监督管理。（统一）

10. 环境保护主管部门及其委托的环境监察机构和其他负有大气环境保护监督管理职责的部门，＿＿＿＿＿＿＿＿＿＿通过现场检查监测、自动监测、遥感监测和远红外摄像等方式，对排放大气污染物的企业、事业单位和其他生产经营者进行＿＿＿＿＿＿＿＿＿＿。（有权；监督检查）

11. 在用机动车应当按照国家或者地方的有关规定，由＿＿＿＿＿＿＿＿＿＿＿定期对其进行排放检验。经检验合格的，方可上道路行驶。未经检验合格的，＿＿＿＿＿＿＿＿＿＿＿＿＿＿＿不得核发安全技术检验合格标志。（机动车排放检验机构；公安机关交通管理部门）

12. _____以上地方人民政府环境保护主管部门可以在_____对在用机动车的大气污染物排放状况进行监督抽测。（县级；机动车集中停放地、维修地）

13. 在不影响正常通行的情况下，县级以上地方人民政府环境保护主管部门可以通过_____等技术手段对在道路上行驶的机动车的大气污染物排放状况进行监督抽测。（遥感监测）

14. 机动车排放检验机构应当依法通过_____，使用经_____的机动车排放检验设备。（计量认证；依法检定合格）

15. 机动车排放检验机构应当按照国务院环境保护主管部门制定的规范，对机动车进行排放检验，并与环境保护主管部门_____，实现检验数据_____。（联网；实时共享）

16. _____对检验数据的真实性和准确性负责。（机动车排放检验机构及其负责人）

17. _____和认证认可监督管理部门应当对机动车排放检验机构的排放检验情况进行监督检查。（环境保护主管部门）

18. 机动车维修单位应当按照防治大气污染的要求和国家有关技术规范对在用机动车进行维修，使其达到规定的_____。（排放标准）

19. 禁止机动车所有人以_____等弄虚作假的方式通过机动车排放检验。（临时更换机动车污染控制装置）

20. 国家倡导环保驾驶，鼓励燃油机动车驾驶人在不影响道路通行且需停车_____以上的情况下熄灭发动机，减少大气污染物的排放。（三分钟）

21. 国家建立机动车和非道路移动机械_____制度。（环境保护召回）

22. 在用重型柴油车、非道路移动机械未安装污染控制装置或者污染控制装置不符合要求，不能达标排放的，应当_____的污染控制装置。（加装或者更换符合要求）

23. 在用机动车排放大气污染物超过标准的，_____进行维修。（应当）

24. 在用机动车经维修或者采用污染控制技术后，大气污染物排放仍不符合国家在用机动车排放标准的，应当_____。（强制报废）

25. 国家鼓励和支持高排放机动车船、非道路移动机械_____。（提前报废）

26. 禁止_____不符合标准的机动车船、非道路移动机械用燃料。（生产、进口、销售）

27. 禁止向汽车和摩托车销售_____以及其他非机动车用燃料。（普通柴油）

28. 发动机机油、氮氧化物还原剂、燃料和润滑油添加剂以及其他添加剂的

有害物质含量和其他大气环境保护指标，应当符合有关标准的要求，不得损害机动车船污染控制装置效果和_____，不得增加_____。（耐久性；新的大气污染物排放）

29. 违反《中华人民共和国大气污染防治法》规定，以拒绝进入现场等方式拒不接受环境保护主管部门及其委托的环境监察机构或者其他负有大气环境保护监督管理职责部门的监督检查，或者在接受监督检查时_____的，由_____人民政府环境保护主管部门或者其他负有大气环境保护监督管理职责的部门责令改正，处_____的罚款；构成违反治安管理行为的，由公安机关依法予以处罚。（弄虚作假；县级以上；两万元以上二十万元以下）

30. 违反《中华人民共和国大气污染防治法》规定，伪造机动车、非道路移动机械排放检验结果或者出具虚假排放检验报告的，由_____人民政府环境保护主管部门没收违法所得，并处_____的罚款；情节严重的，由_____部门取消其检验资格。（县级以上；十万元以上五十万元以下；负责资质认定的）

31. 违反《中华人民共和国大气污染防治法》规定，以临时更换机动车污染控制装置等弄虚作假的方式通过机动车排放检验或者破坏机动车车载排放诊断系统的，由_____人民政府环境保护主管部门责令改正，对机动车所有人处_____的罚款；对机动车维修单位处_____的罚款。（县级以上；五千元；每辆机动车五千元）

32. 违反《中华人民共和国大气污染防治法》规定，机动车驾驶人驾驶排放检验不合格的机动车上道路行驶的，由_____依法予以处罚。（公安机关交通管理部门）

33. 违反《中华人民共和国大气污染防治法》规定，使用排放不合格的非道路移动机械，或者在用重型柴油车、非道路移动机械未按照规定加装、更换污染控制装置的，由_____人民政府环境保护等主管部门按照职责责令改正，处_____的罚款。（县级以上；五千元）

34. 违反《中华人民共和国大气污染防治法》规定，机动车生产、进口企业未按照规定向社会公布其生产、进口机动车车型的_____，由_____以上人民政府环境保护主管部门责令改正，处_____的罚款。（排放检验信息或者污染控制技术信息的；省级；五万元以上五十万元以下）

35. 机动车、非道路移动机械生产企业对发动机、污染控制装置弄虚作假、以次充好，冒充排放检验合格产品出厂销售的，由_____以上人民政府环境保护主管部门责令停产整治，没收违法所得，并处货值金额_____的罚款，没收销毁无法达到污染物排放标准的机动车、非道路移动机械，并由

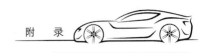

_____责令停止生产该车型。（省级；一倍以上三倍以下；国务院机动车生产主管部门）

36. 按照 GB 18285—2005 规定，汽车被分为_____汽车和_____汽车。（轻型；重型）

37. 轻型汽车指最大总质量不超过_____kg 的___类、___类和___类车辆。（3500；M1；M2；N1）

38. 基准质量指_____质量加_____kg 质量。（整车整备；100）

39. GB 18285—2005 规定了点燃式发动机轻型汽车有_____、_____、和_____四种排气测量方法。（双怠速法；稳态工况法；简易瞬态工况法；瞬态工况法）

40. GB 18285—2005 适用于装用点燃式发动机的_____和_____汽车。（新生产；在用）

41. GB 18285—2005 规定，轻型汽车的高怠速转速为_____，重型车的高怠速转速为_____。〔（2500 ± 100）r/min；（1800 ± 100）r/min〕

42. GB 18285—2005 规定，车辆排气检测前等候时间超过____min 或在检测前熄火超过____min 应当采取措施为车辆预热。（20；5）

43. 对于使用闭环控制_____和_____的汽车需进行过量空气系数_____的测定。（电子燃油喷射系统；三元催化转化器技术；λ）

44. GB 18285—2005 规定，过量空气系数____应在_____或制造厂规定的范围内。（λ；1.00 ± 0.03）

45. 2001 年 10 月 1 日至 2005 年 7 月 1 日生产的柴油车光吸收系数限值，自然吸气式：_____m^{-1}，涡轮增压式_____m^{-1}。（2.5；3.0）

46. 怠速工况指发动机_____运转状态，即离合器处于_____位置，变速器处于_____位置（对于自动变速器的车应处于"停车"或"P"位）；采用化油器供油系统的车，阻风门应处于_____位置，加速踏板处于完全_____位置。（无负载；接合；空档；全开；松开）

47. 当量惯量指在底盘测功机上用惯量模拟器模拟汽车行驶中_____和_____惯量时所相当的质量。（移动；转动）

48. GB 3847—2005 规定了车用压燃式发动机和压燃式发动机汽车排气烟度的排放_____及_____方法。（限值；测量）

49. 自 1995 年 7 月 1 日起至 2001 年 9 月 30 日期间生产的在用汽车，应按 GB 3847—2005 附录 K 的要求进行自由加速试验，所测得的烟度值应不大于_____Rb。（4.5）

50. 自 1995 年 6 月 30 日以前生产的在用汽车，应按 GB 3847—2005 附录 K

的要求进行自由加速试验，所测得的烟度值应不大于_____Rb。(5.0)

51. GB 18285—2005 自_____年___月___日起实施。(2005；7；1)

52. 在用汽车指已经_____并取得_____的汽车。(登记注册；号牌)

53. 气体燃料是指液化_____或_____。[石油气（LPG）；天然气（NG）]

54. 两用燃料车是指能燃用_____和一种_____的车辆。(汽油；气体燃料)

55. GB 18285—2005 规定，对于单一燃料汽车，仅按燃用_____进行排放检测；对于两用燃料汽车，要求对_____分别进行排放检测。(气体燃料；两种燃料)

56. 使用简易瞬态工况法进行检测时所使用的主要设备包括：_____、_____、_____、_____、_____、_____等。(底盘测功机；流量计；五气分析仪；司机助手；风扇；操作控制台)

57. 使用加载减速不透光烟度法进行检测时所使用的主要设备包括：_____、_____、_____、_____、_____和_____等。(底盘测功机；转速传感器；不透光烟度计；司机助手；风扇；操作控制台)

58. 底盘测功机基本惯量指考虑到底盘测功机的各转动件转速与滚筒转速的速比后，其实际_____除以_____半径的平方后所得的商等效的汽车质量。(基本惯量；滚筒)

59. 底盘测功机最大允许轴荷是指底盘测功机允许承载的_____。(最大限量)

60. 底盘测功机最大吸收功率是指底盘测功机___min 持续时间可吸收的最大_____。(1；功率)

61. 底盘测功机最大车速是指底盘测功机允许测试的_____车速。(最大)

62. 底盘测功机功率吸收装置指能吸收作用在底盘测功机滚筒上的被测车辆轮边功率的装置，包括_____和_____。(电力式；电涡流式)

63. 吸收功率 P_a 指底盘测功机作用于被试汽车驱动轮的阻力功率，包括_____和_____。(指示功率；寄生功率)

64. 指示功率 IHP 指稳定车速下，功率吸收装置对车辆的_____。(加载)

65. 功率吸收装置的吸收功率范围应能够在车速大于或等于___km/h 时，稳定吸收至少___kW 的功率持续___min 以上，并能够连续进行至少___次试验，两次试验之间的时间间隔为___min。(22.5；15；5；10；3)

66. 取样管长度应为_____m，直接接触排气的取样管材料应是_____的。取样管应是_____的，不易打结和压裂。[(7.5±0.15)；无

气孔；易弯曲〕

67. 汽车总体构造差异很大，但基本结构都由_____、_____、_____和_____四部分组成。（发动机；底盘；车身；电气与电子设备）

68. 发动机是能量转换装置，作用是将燃料燃烧发出的_____转化成_____并向外输出动力。（热能；机械能）

69. 汽车的身份证指的是车辆识别代号____码，由____位字符组成。（VIN；17）

70. 对于汽油机而言，空燃比为14.7的可燃混合气称为_____。（理论混合气）

71. 对于不同的燃料，其理论空燃比数值是_____。（不同的）

72. 汽油车燃油供给方式分为_____和_____。（化油器式；电喷式）

73. 汽油机通常由_____、_____两大机构和_____、_____、_____、_____、_____五大系统组成。（曲柄连杆机构；配气机构；燃料供给系统；润滑系统；冷却系统；点火系统；起动系统）

74. 柴油机通常由_____、_____两大机构和_____、_____、_____、_____四大系统组成。（曲柄连杆机构；配气机构；燃料供给系统；润滑系统；冷却系统；起动系统）

75. 国产汽车的型号应能表明汽车的_____、_____和_____。（厂牌；类型；主要特征参数）

76. 车辆识别码可划分为三个部分，分别是_____、_____和_____部分。（制造厂识别代码；车辆说明；车辆指示）

77. 根据装配的发动机类型，汽车被分为_____、_____、_____和_____。（点燃式发动机汽车；压燃式发动机汽车；电动汽车；混合动力汽车）

78. 根据使用燃料种类，汽车分为_____、_____、_____和_____等。（汽油车；柴油车；气体燃料汽车；代用燃料汽车；两用燃料汽车）

79. 根据汽车驱动方式，可分为_____、_____和_____等。（前驱车；后驱车；全驱车）

80. 发动机按冷却方式，分为_____和_____两种。（水冷式；风冷式）

81. 根据发动机在一个工作循环中活塞往复运动的行程数，分为_____和_____发动机。（二冲程；四冲程）

82. 发动机按照进气状态不同，分为_____和_____发动机。（增压；非增压）

83. 增压包括_____、_____和_____三种方式。（废气涡轮增压；机械增压；气动增压）

84. 发动机按气缸数目的多少，分为_____和_____。（多缸机；单缸机）

85. 曲柄连杆机构由_____、_____、_____、_____、_____和_____等组成。（气缸体；气缸盖；活塞；连杆；曲轴；飞轮）

86. 配气机构由_____、_____、_____、_____、_____和_____等组成。（进气门；排气门；气门弹簧；挺杆；凸轮轴；正时齿轮）

87. 汽油机喷射式燃料供给系统由_____、_____、_____、_____、油压保持器、空气滤清器、进排气歧管和排气消声器以及尾气后处理装置等组成。（燃油箱；汽油泵；汽油滤清器；喷油器）

88. 柴油机燃料供给系统由_____、_____、_____、_____、_____、排气消声器以及尾气后处理装置等组成。（燃油箱；油泵；高压油轨；喷油器；柴油滤清器；进排气管）

89. 水冷式冷却系统由_____、_____、_____和水套等组成。（水泵；散热器；风扇；节温器）

90. 润滑系统由_____、_____、_____和_____等组成。（机油泵；滤清器；油道；油底壳）

91. 汽油机点火系统由_____、_____、_____、_____和_____等组成。（蓄电池；发电机；点火线圈；分电器；火花塞）

92. 起动系统由_____和_____等组成。（起动机；起动继电器）

93. 在发动机气缸内，每完成一次将燃料燃烧产生的热能转化为机械能的一系列连续过程，称为发动机的一个_____。（工作循环）

94. 活塞由一个止点到另一个止点运动一次的过程叫作_____。（冲程）

95. 发动机_____的总和称为发动机排量。（所有气缸工作容积）

96. _____与_____之比叫作压缩比。（气缸总容积；燃烧室容积）

97. 发动机在某一时刻的运行状况简称_____。（工况）

98. 燃烧_____燃料实际供给的空气质量与完全燃烧_____燃料的化学

计量空气质量之比称为过量空气系数。（1kg；1kg）

99. 可燃混合气中_____质量与_____质量之比为空燃比。（空气；燃油）

100. 发动机完成一个工作循环，需要经过_____、_____、_____和_____四个过程。（进气；压缩；做功；排气）

101. 发动机的性能指标包括_____、_____和_____等。（动力性指标；经济性指标；环境指标）

102. 动力性指标用于表征发动机_____能力大小的指标。（做功）

103. 环境指标用于评价发动机_____和_____。（排气品质；噪声水平）

104. 汽车传动系统的基本功用是将发动机发出的_____传给_____。（动力；驱动车）

105. 目前全轮驱动车辆又分为_____、_____和_____三种类型。（分时四驱；适时四驱；全时四驱）

106. 汽车排放的主要污染物有：_____、_____、_____和_____等。（CO；NO_x；HC；PM）

107. 控制汽车尾气排放，主要从_____、_____和_____三个方面进行。（机前处理；机内控制；机后净化）

108. 目前柴油机后处理装置主要有_____、_____和_____等。［氧化催化转化器（DOC）；选择性催化还原器（SCR）；颗粒捕捉器（DPF）］

109. 目前汽油机后处理装置主要为_____。［三元催化转化器（TWC）］

110. 三元催化转化器可同时净化_____、_____和_____。（HC；CO；NO_x）

111. 三元催化转化器由_____、_____、_____和_____四部分构成。（壳体；垫层；载体；催化剂）

112. 三元催化转化器在_____左右开始起作用，最佳工作温度是_____，而超过_____以后，催化剂中的贵金属自身也会发生化学反应，从而使转化器失效。（200℃；400~800℃；1000℃）

113. 机动车排放检验机构应当严格落实_____标准要求，并将排放检验数据和电子检验报告上传_____，出具由_____统一编码的排放检验报告。（机动车排放检验；环保部门；环保部门）

114. 公安交管部门对无_____的机动车，不予核发

安全技术检验合格标志。（定期排放检验合格报告）

115. 机动车_____周期应与机动车安全技术检验周期一致。（排放检验）

116. 鼓励机动车排放检验机构和安全技术检验机构设在_____地点，整合优化检验流程，共享检验信息，提供一站式便民服务。（同一）

117. 机动车排放检验机构要严格按照_____部门规定的收费标准收取检验费用。（价格主管）

118. 机动车排放检验机构应在业务大厅明显位置公示_____，并在收费凭证上分别注明_____检验和_____收费金额。（收费依据和标准；安全技术；排放检验）

119. 纯电动汽车_____尾气排放检验。（免于）

120. 地市范围内机动车所有人可以_____机动车排放检验机构进行检验。（自主选择）

121. 机动车排放检验机构应该严格按照规定的检测_____、_____和_____进行检测。（方法；标准；规范）

122. 机动车排放检验机构不可以人为修改车辆_____及_____。（信息；检测数据）

123. 目前，测量［CO］、［HC］和［CO_2］主要采用_____。［不分光红外法（NDIR）］

124. 目前，测量［NO_x］和［O_2］主要采用_____。［电化学法（ECD）］

125. 目前，采用_____原理测量机动车的排气烟度。（分流式内置不透光测量）

126. 对柴油车进行排气检测，应当按照车辆的_____选择对应的_____进行自由加速法检测。（生产日期；检测方法）

127. 车辆检测前充分对车辆进行_____。（预热）

128. 发动机的_____和_____温度应达到汽车说明书所规定的热状态，方可检测车辆的排气检测。（冷却液；润滑油）

二、单项选择题

1. 国家倡导（   ）出行，根据城市规划合理控制燃油机动车保有量，大力发展城市，提高（   ）出行比例。（C）
   A. 低碳、节俭；公共交通　　　　　B. 低碳、节俭；公交车
   C. 低碳、环保；公共交通　　　　　D. 低碳、环保；公交车

2. （   ）以上地方人民政府环境保护主管部门可以在（   ）、维修地对在用机动车的大气污染物排放状况进行监督抽测。（C）
   A. 县级；高速公路　　　　　　　　B. 市级；高速公路

C. 县级；机动车集中停放地　　　D. 市级；机动车集中停放地

3. 国家倡导环保驾驶，鼓励燃油机动车驾驶人在不影响道路通行且需停车（　　）min 以上的情况下熄灭发动机，减少大气污染物的排放。（B）

A. 1　　　　　　B. 3　　　　　　C. 5　　　　　　D. 10

4. 《中华人民共和国大气污染防治法》规定，以拒绝进入现场等方式拒不接受监督检查，或者在接受监督检查时弄虚作假的，由（　　）或者其他负有大气环境保护监督管理职责的部门责令改正。（B）

A. 乡镇以上人民政府环境保护主管部门

B. 县级以上人民政府环境保护主管部门

C. 市级以上人民政府环境保护主管部门

D. 省级以上人民政府环境保护主管部门

5. 《中华人民共和国大气污染防治法》规定，以拒绝进入现场等方式拒不接受监督检查，或者在接受监督检查时弄虚作假的，处（　　）的罚款。（C）

A. 二千元以上一万元以下　　　　B. 一万元以上十万元以下

C. 二万元以上二十万元以下　　　D. 三万元以上三十万元以下

6. 《中华人民共和国大气污染防治法》规定，以拒绝进入现场等方式拒不接受监督检查，或者在接受监督检查时弄虚作假的，构成违反治安管理行为的，由（　　）依法予以处罚。（B）

A. 教育部门　　B. 公安机关　　C. 环保部门　　　D. 工商部门

7. 违反本法规定，以临时更换机动车污染控制装置等弄虚作假的方式通过机动车排放检验或者破坏机动车车载排放诊断系统的，由县级以上人民政府环境保护主管部门责令改正，对机动车所有人处（　　）的罚款。（D）

A. 五百元　　　B. 一千元　　　C. 两千元　　　　D. 五千元

8. 《中华人民共和国大气污染防治法》规定，机动车船、（　　）不得超过标准排放大气污染物。（A）

A. 非道路移动机械　　　　　　　B. 大型施工机械

C. 大型游乐设施　　　　　　　　D. 加油站

9. 《中华人民共和国大气污染防治法》规定，在用机动车应当按照国家或者地方的有关规定，由机动车（　　）定期对其进行排放检验。（D）

A. 销售企业　　B. 生产厂家　　C. 使用单位　　　D. 排放检验机构

10. 《中华人民共和国大气污染防治法》规定，生产超过污染物排放标准的机动车、非道路移动机械的，由（　　）人民政府环境保护主管部门责令改正，没收违法所得，并处货值金额一倍以上三倍以下的罚款，没收销毁无法达到污染物排放标准的机动车、非道路移动机械。（D）

A. 乡镇以上　　B. 县级以上　　C. 市级以上　　　D. 省级以上

11.《中华人民共和国大气污染防治法》规定，生产超过污染物排放标准的机动车、非道路移动机械，拒不改正的，责令停产整治，并由（　　）机动车生产主管部门责令停止生产该车型。（A）

    A. 国务院　　　　　B. 省级　　　　　C. 市级　　　　　　D. 县级

12.《中华人民共和国大气污染防治法》规定，销售的机动车、非道路移动机械不符合污染物排放标准的，（　　）应当负责修理、更换、退货；给购买者造成损失的，（　　）应当赔偿损失。（C）

    A. 销售者；购买者　　　　　　　B. 购买者；购买者

    C. 销售者；销售者　　　　　　　D. 购买者；销售者

13.《中华人民共和国大气污染防治法》规定，进口、销售超过污染物排放标准的机动车、非道路移动机械的，由县级以上人民政府（　　）、（　　）按照职责没收违法所得，并处货值金额一倍以上三倍以下的罚款，没收销毁无法达到污染物排放标准的机动车、非道路移动机械。（B）

    A. 环境保护主管部门；出入境检验检疫机构

    B. 工商行政管理部门；出入境检验检疫机构

    C. 环境保护主管部门；工商行政管理部门

    D. 工商行政管理部门；海关

14.《中华人民共和国大气污染防治法》规定，机动车驾驶人驾驶排放检验不合格的机动车上道路行驶的，由（　　）依法予以处罚。（B）

    A. 海事管理机构　　　　　　　　B. 公安机关交通管理部门

    C. 工商部门　　　　　　　　　　D. 环境保护主管部门

15.《中华人民共和国大气污染防治法》规定，在禁止使用高排放非道路移动机械的区域使用高排放非道路移动机械的，由城市人民政府（　　）依法予以处罚。（D）

    A. 海事管理机构　　　　　　　　B. 公安机关交通管理部门

    C. 工商部门　　　　　　　　　　D. 环境保护等主管部门

16.《中华人民共和国大气污染防治法》规定，违反下列哪种行为，由省级以上人民政府环境保护主管部门责令改正，没收违法所得，并处货值金额一倍以上三倍以下的罚款：（B）

    A. 生产未超过污染物排放标准的机动车、非道路移动机械的

    B. 机动车、非道路移动机械生产企业对发动机、污染控制装置弄虚作假、以次充好，冒充排放检验合格产品出厂销售

    C. 进口、销售超过污染物排放标准的机动车、非道路移动机械

    D. 机动车生产、进口企业未按照规定向社会公布其生产、进口机动车车型的排放检验信息或者污染控制技术信息

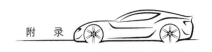

17.《中华人民共和国大气污染防治法》规定，重点区域内有关（   ）应当实施更严格的机动车大气污染物排放标准，统一在用机动车检验方法和排放限值，并配套供应合格的车用燃油。（D）

    A. 人民政府   B. 环境保护主管部门

    C. 省、市、县人民政府   D. 省、自治区、直辖市人民政府

18.《中华人民共和国大气污染防治法》规定，制定（   ），应当符合国家大气污染物控制要求，并与国家机动车船、非道路移动机械大气污染物排放标准相互衔接，同步实施。（A）

    A. 燃油质量标准   B. 燃煤质量标准

    C. 石油焦质量标准   D. 生物质燃料质量标准

19.《中华人民共和国大气污染防治法》规定，（   ）是指装配有发动机的移动机械和可运输工业设备。（B）

    A. 非公路移动机械   B. 非道路移动机械

    C. 道路移动机械   D. 公路移动机械

20.《中华人民共和国大气污染防治法》规定，机动车生产、进口企业未按照规定向社会公布其生产、进口机动车车型的有关维修技术信息的，应由谁处罚？（   ）（A）

    A. 由省级以上人民政府交通运输主管部门责令改正

    B. 由省级以上人民政府环境保护主管部门责令改正

    C. 由市级以上人民政府交通运输主管部门责令改正

    D. 由市级以上人民政府环境保护主管部门责令改正

21.《中华人民共和国大气污染防治法》规定，发动机机油、润滑油添加剂等以及其他添加剂的有害物质含量和其他大气环境保护指标，应当符合有关标准的要求，不得损害机动车船（   ）控制装置效果和耐久性，不得增加新的大气污染物排放。（C）

    A. 安全   B. 废气   C. 污染   D. 噪声

22.《中华人民共和国大气污染防治法》规定，从事服装干洗和机动车维修等服务活动的经营者，应当按照国家有关标准或者要求设置（   ）和废气处理装置等污染防治设施并保持正常使用，防止影响周边环境。（B）

    A. 灰尘   B. 异味   C. 废渣   D. 废水

23.《中华人民共和国大气污染防治法》已由中华人民共和国第十二届全国人民代表大会常务委员会第（   ）次会议于2015年8月29日修订通过。（B）

    A. 一   B. 十六   C. 十二   D. 五

24. 新《中华人民共和国大气污染防治法》从（   ）开始实施。（D）

    A. 2015年12月1日   B. 2016年3月1日

C. 2016 年 6 月 1 日　　　　　　　　D. 2016 年 1 月 1 日

25. 违反《中华人民共和国大气污染防治法》规定，以临时更换机动车污染控制装置等弄虚作假的方式通过机动车排放检验或者破坏机动车车载排放诊断系统的，由县级以上人民政府环境保护主管部门责令改正，对机动车所有人处（　　　）的罚款。(D)

　　A. 3000 元　　　　B. 10 000 元　　　　C. 1000 元　　　　D. 5000 元

26. 公民应当增强大气环境保护意识，采取低碳、节俭的生活方式，自觉履行（　　　）。(C)

　　A. 大气环境保护权利　　　　　　　B. 大气环境保护职责

　　C. 大气环境保护义务　　　　　　　D. 大气环境保护责任

27. 依照《中华人民共和国大气污染防治法》规定，省级人民政府制定严于国家排放标准的机动车船大气污染物地方排放标准的，必须经（　　　）。(D)

　　A. 国务院环境保护行政主管部门备案

　　B. 国务院环境保护行政主管部门批准

　　C. 国务院备案

　　D. 国务院批准

28. 在用机动车排放大气污染物超过标准的，（　　　）进行维修。(B)

　　A. 必须　　　　B. 应当　　　　C. 可以　　　　D. 自愿

29. 依照《中华人民共和国大气污染防治法》规定，由（　　　）对在用机动车进行排放检验。(D)

　　A. 环保部门　　　　　　　　　　　B. 公安部门

　　C. 交通部门　　　　　　　　　　　D. 机动车排放检验机构

30. （　　　）对机动车排放检验数据的真实性和准确性负责。(D)

　　A. 环保部门　　　　　　　　　　　B. 公安部门

　　C. 交通部门　　　　　　　　　　　D. 机动车排放检验机构

31. 重型汽车是指最大总质量超过（　　　）kg 的车辆。(D)

　　A. 1500　　　　B. 2500　　　　C. 3000　　　　D. 3500

32. M1 类汽车是指包括驾驶人座位在内最多不超过（　　　）个座位的载客车辆。(D)

　　A. 6　　　　B. 7　　　　C. 8　　　　D. 9

33. M2 类车指除驾驶人座位外，乘客座位超过 8 个，且最大设计总质量不超过（　　　）的载客车辆。(D)

　　A. 3500kg　　　　B. 4000kg　　　　C. 4500kg　　　　D. 5000kg

34. N1 类车指最大设计总质量不超过 3500kg 的（　　　）车辆。(D)

　　A. 载客　　　　B. 乘用　　　　C. 商用车　　　　D. 载货

35.（　　）是汽车的动力装置，作用是使进入其中的燃料燃烧而发出动力。（A）

　　A. 发动机　　　　　B. 离合器　　　　　C. 变速器　　　　　D. 底盘

36.（　　）是接收发动机的动力，使汽车运动并按驾驶人的操纵而正常行驶的部件。（A）

　　A. 底盘　　　　　　　　　　　　B. 车身

　　C. 电器电子设备　　　　　　　　D. 燃烧系统

37.（　　）的作用是将发动机的动力传给驱动车轮。（A）

　　A. 传动系统　　　B. 行驶系统　　　C. 转向系统　　　D. 制动系统

38.（　　）使汽车各总成及部件安装在适当的位置，对全车起支承作用，以保证汽车正常行驶。（B）

　　A. 传动系统　　　B. 行驶系统　　　C. 转向系统　　　D. 制动系统

39.（　　）使汽车按驾驶人选定的方向行驶。（C）

　　A. 传动系统　　　B. 行驶系统　　　C. 转向系统　　　D. 制动系统

40.（　　）使汽车减速或停车，并可保证驾驶人离去后汽车可靠地停驻。（D）

　　A. 传动系统　　　B. 行驶系统　　　C. 转向系统　　　D. 制动系统

41.（　　）俗称煤气。（B）

　　A. 氮氧化物（NO）　　　　　　　B. 一氧化碳（CO）

　　C. 碳氢化合物（HC）　　　　　　D. 颗粒物（PM）

42. 2001 年 10 月 1 日前生产的柴油车应当采用（　　）测量排气烟度。（A）

　　A. 滤纸烟度法　　　　　　　　　B. 不透光烟度法

　　C. 双怠速法　　　　　　　　　　D. 加载减速法

43. 1995 年 7 月 1 日前生产的在用柴油车，应当采用（　　）测量排气烟度。（D）

　　A. 加载减速法　　　B. 简易工况法　　　C. 稳态工况法　　　D. 自由加速法

44. 2005 年 7 月 1 日起生产的第一类轻型汽车，应当采用以下（　　）方法测量排气烟度。（A）

　　A. 加载减速法　　　B. 简易工况法　　　C. 稳态工况法　　　D. 自由加速法

45. 按照目前使用的尾气检测方法：轻型汽油车尾气检测采用（　　），重型汽油车尾气检测采用（　　），轻型柴油车和重型柴油车尾气检测采用（　　）（部分特殊车型除外）。（B）

　　A. 稳态工况法、双怠速法、自由加速烟度法

　　B. 稳态工况法、双怠速法、加载减速-不透光烟度法

　　C. 双怠速法、自由加速烟度法、加载减速-不透光烟度法

　　D. 双怠速法、不透光烟度法、自由加速烟度法

46. 属于 GB 18285—2005 规定的点燃式发动机轻型汽车排气测量方法有（　　）。（C）

　A. 自由加速法、双怠速法　　　　　B. 加载减速法、双怠速法

　C. 简易瞬态工况法、双怠速法　　　D. 自由加速法、加载减速法

47. 汽油车排气检测取样探头插入排气管的深度不少于（　　）。（B）

　A. 300mm　　　B. 400mm　　　C. 200mm　　　D. 100mm

48. 双怠速法对排放气体测试仪器技术条件规定 CO、HC 的测量应当采用（　　）。（A）

　A. 不分光红外线法　　　　　　　B. 电化学电池法

　C. 气相色谱法　　　　　　　　　D. 火焰离子法

49. 在参加排气检测前熄火超过（　　），应对车辆进行预热。（D）

　A. 20min　　　B. 15min　　　C. 10min　　　D. 5min

50. 车辆预热可在无负荷状态使发动机以 2500r/min 转速，运转（　　）。（D）

　A. 15min　　　B. 10min　　　C. 5min　　　D. 4min

51. 车辆预热也可在测功机上按 ASM5025 工况运行（　　）。（A）

　A. 60s　　　B. 45s　　　C. 30s　　　D. 15s

52. 排气分析仪应每（　　）需进行一次校准并用低量程标准气体进行检查。（B）

　A. 12h　　　B. 24h　　　C. 48h　　　D. 36h

53. CO 与 CO_2 浓度之和小于（　　），应终止排气检测，排放测量无效。（D）

　A. 2%　　　B. 3%　　　C. 5%　　　D. 6%

54. 底盘测功机应配备冷却车辆的装置，环境温度超过（　　）时冷却系统应启动。（B）

　A. 20℃　　　B. 22℃　　　C. 25℃　　　D. 30℃

55. 底盘测功机应配备机械飞轮或惯量模拟装置，基准惯量不得低于（　　）±20kg。（C）

　A. 700kg　　　B. 800kg　　　C. 900kg　　　D. 1000kg

56. 尾气分析仪取样探头所用材料应能耐受的排气温度是（　　）。（A）

　A. 600℃　　　B. 500℃　　　C. 400℃　　　D. 300℃

57. 尾气分析仪对 NO 分析，从探头输入被测气体到显示终值的 90% 响应时间应少于（　　）。（C）

　A. 5s　　　B. 10s　　　C. 11s　　　D. 15s

58. 排气分析仪对 HC、CO、CO_2 分析，从探头输入被测气体到显示终值的 90% 响应时间应少于（　　）。（A）

A. 8s　　　　　　B. 10s　　　　　C. 12s　　　　　D. 15s

59. 双怠速法中排气分析仪量程检查中 HC/PEF、［CO］和［CO₂］，相对误差限值为(　　)。(A)

A. ±5.0%　　　B. ±4.0%　　　C. ±6.0%　　　D. ±3.5%

60. 底盘测功机控制器对滚筒转速和总吸收功率的数据采集频率不低于(　　)Hz。(A)

A. 10　　　　　B. 20　　　　　C. 5　　　　　D. 2

61. 冷却风机与车辆的距离为(　　)左右为宜。(C)

A. 3m　　　　　B. 2m　　　　　C. 1m　　　　　D. 4m

62. 每一次底盘测功机吸收功率的绝对误差都应不超过 ±0.2 kW 或相对误差不超过(　　)。(C)

A. ±4%　　　　B. ±3%　　　　C. ±2%　　　　D. ±1%

63. 功率吸收装置的吸收功率范围应能够在车速大于或等于(　　)km/h 时，稳定吸收至少 15.0kW 的功率持续 5min 以上。(B)

A. 20km/h　　　B. 22.5km/h　　C. 25km/h　　　D. 40km/h

64. 在24km/h 和40km/h 的测试车速下，总吸收功率 P_a 至少可以进行(　　)的增量调节。(A)

A. 0.1kW　　　B. 0.2kW　　　C. 0.5kW　　　D. 1kW

65. 底盘测功机应能测试最大轴荷为(　　)的车辆。(B)

A. 2500kg　　　B. 2750kg　　　C. 3000kg　　　D. 3500kg

66. 底盘测功机最大测试车速不低于(　　)km/h。(D)

A. 100　　　　B. 110　　　　C. 120　　　　D. 130

67. 尾气分析仪的取样频率至少应为(　　)Hz。(A)

A. 1　　　　　B. 2　　　　　C. 4　　　　　D. 8

68. 五气分析仪通电至预热结束指示出现所用的时间不超过(　　)min。(C)

A. 10　　　　　B. 20　　　　　C. 30　　　　　D. 40

69. 稀释氧传感器环境空气量程检测时的读数值位于(　　)%vol 范围之外时，应具有对稀释氧传感器自动校准功能。(A)

A. 20.8±0.5　　B. 20.8±1　　　C. 20.8±1.5　　D. 20.8±0.2

70. 稀释尾气压力传感器校准和稀释尾气温度传感器校准和流量计校准具有(　　)周期。(A)

A. 相同的　　　　　　　　　　　B. 不同的

71. "简易瞬态工况法"所使用的五气分析仪的温度范围：分析系统及相关部件应在(　　)。(A)

A. 0～40℃　　B. 0～50℃　　　C. 0～60℃　　　D. −10～40℃

72. 不透光烟度计的光通道有效长度一般应为(　　)mm。（D）

　　A. 300　　　　　B. 350　　　　　C. 400　　　　　D. 430

73. 当环境温度为20℃时，预热时间不应超过(　　)min。在15 min 的等待时间内零点漂移和量程漂移小于 $0.08m^{-1}$ 则视为预热完成。（C）

　　A. 10　　　　　B. 15　　　　　C. 20　　　　　D. 30

74. 数据库应有足够的存储空间，满足(　　)年数据库的数据存储需要。（C）

　　A. 1　　　　　B. 2　　　　　C. 3　　　　　D. 4

75. 不透光烟度计用于轻型车的取样管长度应小于(　　)m。（B）

　　A. 1　　　　　B. 1.5　　　　　C. 3.5　　　　　D. 5

76. 不透光烟度计取样探头应能承受(　　)℃的高温达 10min。（C）

　　A. 400　　　　　B. 500　　　　　C. 600　　　　　D. 800

77. 从制动力阶跃变化时刻起，底盘测功机达到 90% 制动力的响应时间不大于(　　)ms。（A）

　　A. 300　　　　　B. 400　　　　　C. 500　　　　　D. 600

78. 在双怠速检测中，油温应控制在(　　)之上。（C）

　　A. 60℃　　　　　B. 70℃　　　　　C. 80℃　　　　　D. 90℃

79. 自由加速法中从烟气开始进入气室到完全充满气室所经历的时间应不超过(　　)s。（B）

　　A. 0.1　　　　　B. 0.4　　　　　C. 1　　　　　D. 2

80. 自由加速法中进行零点漂移测试以绝对光吸收系数单位为计量单位时，1h 的零点漂移不得超过(　　)m^{-1}。（C）

　　A. 0.02　　　　　B. 0.05　　　　　C. 0.08　　　　　D. 1.0

81. 2001 年 10 月 1 日~2005 年 7 月 1 日生产的柴油车光吸收系数限值，涡轮增压式(　　)m^{-1}。（C）

　　A. 2.0　　　　　B. 2.5　　　　　C. 3.0　　　　　D. 4.5

82. 车辆排气检测前熄火超过(　　)min，应当采取措施为车辆预热。（A）

　　A. 5　　　　　B. 10　　　　　C. 15　　　　　D. 没有规定

83. 五气分析仪对 [HC]、[CO]、[CO_2] 进行是采用(　　)测量。（A）

　　A. 不分光红外法　　　　　　　　B. 电化学电池原理

　　C. 重量法　　　　　　　　　　　D. 化学法

84. 当柴油车检测时，至少采取(　　)自由加速过程或其他等效方法对排气系统的杂质进行吹拂，保证排气管没有残留颗粒物。（C）

　　A. 1 次　　　　　B. 2 次　　　　　C. 3 次　　　　　D. 不用吹拂

85. 柴油车在检测过程中每次测量数值相差很大的光吸收系数大于(　　)m。（B）

A. 0.1　　　　　　B. 0.5　　　　　　C. 1.0　　　　　　D. 无影响

86. 滤纸烟度计测量波许烟度值，单位为(　　)，通常用 Rb 表示。(A)

A. FSN　　　　　　B. m^{-1}　　　　　　C. 0~5 级

87. 机动车排气定期检测应当与安全技术定期检验(　　)进行。(A)

A. 同步　　　　　　　　　　　　B. 先安检，后环检

C. 先总检，后环检　　　　　　　D. 没有规定

88. 在用机动车是指已经登记注册并(　　)的车辆。(C)

A. 上路行驶　　　B. 外地转入　　　C. 取得号牌　　　D. 过户的

89. 额定转速指发动机发出(　　)功率时的转速，以 r/min 为单位表示。(D)

A. 最大　　　　　　B. 最小　　　　　　C. 平均　　　　　　D. 额定

90. 新购买和刚维修好的仪器设备(　　)经过计量部门标定就可以投入使用。投入使用仪器设备的标定周期一般为(　　)。(C)

A. 不需；两年　　B. 必须；半年　　C. 必须；一年　　D. 必须；不能确定

91. 机动车排放的污染物主要有(　　)。(D)

A. 一氧化碳　　　　　　　　　　B. 氮氧化合物

C. 碳氢化合物和微粒（或颗粒物）　D. A + B + C

92. 三元催化转化器的功能是(　　)。(A)

A. 将发动机排出的废气中的有害气体转变为无害气体

B. 有效地降低一氧化碳

C. 有效地降低碳氢化合物

D. 有效地降低氮氧化合物的含量

93. 下列选项中属于排气后处理装置的是(　　)。(A)

A. 三元催化转化器　　　　　　　B. 空气滤清器

C. 燃油滤清器　　　　　　　　　D. 消声器

94. 简易瞬态工况法不能用于下列哪种驱动形式机动车的排气检测(　　)。(D)

A. 适时四驱　　B. 分时四驱　　C. 前驱　　　　D. 全时四驱

95. 车辆预检过程中必须检查的轮胎参数是(　　)。(C)

A. 生产日期　　B. 轮胎的直径　　C. 轮胎充气压力　D. 轮胎制造材料

96. 车辆在进行简易瞬态工况法检测时不需要关闭的是(　　)。(A)

A. 防抱死制动系统 ABS　　　　　B. 多媒体音响系统

C. 牵引力主动控制系统　　　　　D. 空调系统

97. 下列选项中会影响车辆排放的是(　　)。(A)

A. 发动机冷却液温度　　　　　　B. 刮水器摆动快慢

C. 驱动形式　　　　　　　　　　D. 汽车轮胎胎压

98. 下列选项中不会影响车辆排放的是（　　　）。（B）

A. 后处理装置　　B. 驱动形式　　C. 润滑油油温　　D. 进气温度

99. 选择在用机动车车辆排放限值和检测方法的依据是（　　　）。（B）

A. 车辆制造日期、驱动形式、基准质量、变速器形式

B. 车辆制造日期、驱动形式、基准质量、发动机型式

C. 车辆制造日期、驱动形式、基准质量、汽车载重量

D. 车辆制造日期、驱动形式、基准质量、发动机排量

100. 汽车排放污染物有三种评定指标，分别是（　　　）。（C）

A. 浓度排放量、质量排放量和百分比排放量

B. 浓度排放量、质量排放量和体积排放量

C. 浓度排放量、质量排放量和比排放量

D. 浓度排放量、质量排放量和 PPM 量

101. 在简易瞬态工况法条件下，下列答案中会影响检测结果的是（　　　）。（B）

A. 大气压力、环境温度、相对湿度、变速器机油温度

B. 大气压力、环境温度、相对湿度、发动机润滑油温度

C. 大气压力、环境温度、变速器机油温度、进气压力

D. 大气压力、环境温度、相对湿度、发动机排量

102. 出现下列情况，可继续进行在用车排放检测的是（　　　）。（D）

A. 进气管破裂、泄漏　　　　　　B. 排气管破裂、泄漏

C. 发动机润滑油泄漏　　　　　　D. 前风窗玻璃水泄漏

103. 采用加载减速法进行排放检测时车辆必须安装的传感器是（　　　）。（D）

A. 进气温度传感器　　　　　　　B. 排气温度传感器

C. 进气压力传感器　　　　　　　D. 转速传感器

104. 发动机的冷却系统预检内容包括（　　　）。（A）

A. 冷却风扇、水箱散热器、冷却液量

B. 冷却风扇、水箱散热器、冷却液温度

C. 水箱散热器、冷却液量、冷却液温度

D. 冷却风扇、、冷却液量、冷却液温度

105. 发动机的润滑系统预检内容包括（　　　）。（A）

A. 机油压力指示、润滑油量、润滑油泄漏情况

B. 机油压力指示、润滑油量、机油温度

C. 润滑油量、润滑油泄漏情况、机油温度

D. 机油压力指示、润滑油量、机油温度

106. 发动机的进气系统预检内容包括(　　　)。(A)

A. 是否增压、空气滤清器、进气系统是否泄漏

B. 是否增压、空气滤清器、进气阀数量

C. 空气滤清器、进气系统是否泄漏、进气阀数量

D. 是否增压、进气系统是否泄漏、进气阀数量

107. 发动机的排气系统预检内容包括(　　　)。(A)

A. 排气管数量、排气管安装状况、排气系统泄漏情况

B. 排气管数量、排气管安装状况、排气管材料

C. 排气管安装状况、排气系统泄漏情况、排气管材料

D. 排气管数量、排气系统泄漏情况、排气管材料

108. 影响发动机的污染物排放水平装置有(　　　)。(A)

A. 增压器、EGR、三元催化转化器

B. 增压器、EGR、ABS

C. EGR、三元催化转化器、ABS

D. 增压器、三元催化转化器、ABS

109. 可能导致车辆主动制动的装置为(　　　)。(A)

A. 牵引力控制系统（TCS）　　　　B. 防抱死制动系统（ABS）

C. 自动变速器（AMT）　　　　　　D. 双离合变速器（DSG）

110. 车辆一致性内容包括(　　　)。(B)

A. 车主姓名　　B. 车辆识别代码　C. 车辆前号牌　　D. 车辆后号牌

111. 发动机额定功率为100kW的柴油车在进行加载减速法时，其轮边功率的最小限值为(　　　)。(A)

A. 50kW　　　　　B. 90kW　　　　　C. 80kW　　　　　D. 100kW

112. 对点燃式发动机在用车进行排放检测的设备包括(　　　)。(A)

A. 排放检测底盘测功机、排气取样系统、分析设备

B. 排放检测底盘测功机、排气取样系统、计算机软件

C. 排放检测底盘测功机、计算机软件、分析设备

D. 计算机软件、分析设备、排气取样系统

113. 对点燃式发动机在用车进行排放检测过程中，整个检测过程共包括(　　　)个工况。(D)

A. 12　　　　　　B. 13　　　　　　C. 14　　　　　　D. 15

114. 点燃式发动机在用车进行排放检测过程中，超过规定转速累计(　　　)，检测数据无效，必须重新检测。(D)

A. 12s　　　　　B. 13s　　　　　C. 14s　　　　　D. 15s

115. 在测试汽车车速表指示误差时，当车速表指示 40km/h，实际速度（　　）km/h，判定为合格。（C）

    A. 30   B. 32   C. 34   D. 42

116. 检测结束后，取下取样探头，车辆驶离工位，程序自动退出测试程序，然后用（　　）kPa 的压缩空气吹净取样探头、取样软管内的烟尘。（A）

    A. 300～400   B. 250   C. 200～300

117. 底盘测功机最大测试车速应不低于（　　）。（D）

    A. 100km/h   B. 110km/h   C. 120km/h   D. 130km/h

118. 对于使用闭环控制电子燃油喷射系统和三元催化转化器技术的汽车进行车辆过量空气系数的测定。当发动机转速为高怠速转速时，过量空气系数应在（　　）或制造厂规定的范围内。（B）

    A. 1.00±0.3   B. 1.00±0.03   C. 10.0±0.03   D. 10.0±0.3

三、多项选择题

1. 机动车排气中主要污染物包括（　　）等。（ABCD）

    A. 一氧化碳   B. 碳氢化合物   C. 氮氧化物   D. 细微颗粒物

2. 底盘包括（　　）等组成部分。（ABCD）

    A. 传动系统   B. 行驶系统   C. 转向系统   D. 制动系统

3. 17 位 VIN 码可以根据其各自代表的含义划分成三个部分，它们分别是（　　）。（ABC）

    A. 世界制造厂识别代号（WMI）   B. 车辆说明部分（VDS）

    C. 车辆指示部分（VIS）   D. 车身型式及代码

4. 汽车按照动力装置的类型分类，可以分为（　　）。（ABCD）

    A. 活塞式内燃机汽车   B. 电动汽车

    C. 混合动力汽车   D. 燃气轮机汽车

5. 汽油发动机燃油供给方式主要分为（　　）。（ABC）

    A. 化油器式   B. 电喷式   C. 增压式   D. 自然吸气式

6. 下列（　　）属于行驶系统。（ABCD）

    A. 车架   B. 车桥   C. 车轮   D. 悬架

7. 下列（　　）属于转向系统。（ABC）

    A. 转向器   B. 转向传动机构   C. 转向加力机构   D. 变速器

8. 下列（　　）属于制动系统。（ABCD）

    A. 供能装置   B. 控制装置   C. 传动装置   D. 制动器

9. 汽车排气污染物的来源有（　　）。（ABC）

    A. 排气管排出的废气   B. 汽油蒸气的挥发

    C. 曲轴箱窜气

10. 汽车发动机的工作循环包括(　　)工况。(ABCD)

A. 进气　　　　B. 压缩　　　　C. 做功　　　　D. 排气

11. 电喷是目前汽车普遍采用的燃油供给方式。电喷分为(　　)。(AD)

A. 电喷开环　　B. 化油器　　　C. 涡轮增压　　D. 电喷闭环

12. (　　)是汽油机和柴油机工作原理的差别。(BCD)

A. 工作循环不同　　　　　　　　B. 燃料性质不同

C. 混合气形成方式不同　　　　　D. 点火方式不同

13. 以下(　　)属于新能源汽车。(ABCD)

A. 混合动力汽车　　　　　　　　B. 纯电动汽车

C. 燃料电池电动汽车　　　　　　D. 氢发动机汽车

14. 以下(　　)是浓度排放量的单位。(AB)

A. g/h　　　　B. g/vol　　　　C. g/(kW·h)　　D. g/km

15. 燃气汽车主要有(　　)。(AB)

A. 液化石油气汽车　　　　　　　B. 压缩天然气汽车

C. 乙醇汽油汽车　　　　　　　　D. 甲醇燃料汽车

16. 以下对三元催化转化器的描述正确的是(　　)。(ABCD)

A. 是机外净化装置

B. 它可将汽车尾气排出的 CO、HC 和 NO_x 等有害气体通过氧化和还原作用转变为无害的二氧化碳、水和氮气

C. 三元催化转化器的最佳工作温度为 375～800℃

D. 三元催化转化器的内部结构是蜂窝状管道设计

17. 车辆在进行测试前，车辆各总成的热状态应符合汽车技术条件的规定，以下(　　)是正确的预热方式。(AB)

A. 车辆在无负荷状态使发动机以 2500r/min 转速运转 4min

B. 车辆在测功机上按 ASM5025 工况运行 60s

C. 随便踩几下加速踏板

D. 在怠速状态下运转 4min

18. 对于汽车的定义，以下哪些叙述是正确的?(　　)(ABC)

A. 汽车是由动力驱动的

B. 具有 4 个或 4 个以上车轮的非轨道承载的车辆

C. 主要用于载运人员和货物、牵引载运人员和货物

D. 包括摩托车

19. 对于机动车的定义，以下哪些叙述是正确的?(　　)(ABCD)

A. 由动力装置驱动或牵引

B. 在道路上行驶的、供乘用或（和）运送物品或进行专项作业的轮式车辆

C. 包括汽车及汽车列车、摩托车及轻便摩托车、拖拉机运输机组、轮式专用机械车和挂车等

D. 不包括任何在轨道上运行的车辆

20. 对于乘用车的定义，以下哪些叙述是正确的？（   ）（ABCD）

A. 在其设计和技术特性上主要用于载运乘客及其随身行李或临时物品

B. 包括驾驶人座位在内最多不超过 9 个座位

C. 它也可以牵引一辆挂车

D. 乘用车按车身、车顶、座位、车门、车窗结构或数量的不同，分为 11 类

21. 对于商用车，以下哪些叙述是正确的？（   ）（ABCD）

A. 商用车主要是为商业运输目的的车辆

B. 在设计和技术特性上用于运送人员和货物的汽车

C. 可以牵引挂车

D. 商用车分为客车、半挂牵引车和货车三类

22. 对于污染物的危害，以下哪些叙述是正确的？（   ）（ABCD）

A. CO 吸入人体后，致使人体缺氧，引起头痛、呕吐等中毒症状，严重时导致死亡

B. 单独的 HC 只有在含量相当高的情况下才会对人体产生影响，它是产生光化学烟雾的重要成分

C. NO_x 对肺组织产生剧烈的刺激作用，影响呼吸和呼吸系统，损害肺组织

D. CO_2 形成的温室效应，会使全球气温上升

23. 对底盘测功机电气系统的防护要求包括（   ）。（ABCDEF）

A. 防过电流　　　B. 防水　　　　　C. 防振动　　　　D. 防电磁干扰

E. 防过热　　　　F. 防过电压

24. 进行机动车排气检测前，车辆应当做好（   ）准备工作。（ABCD）

A. 安装冷却液、润滑油测温计，转速测试装置

B. 关闭空调、暖风等附属装备

C. 按照规定对车辆进行预热，车辆各总成的热状态应符合汽车技术条件的规定

D. 装备牵引力控制装置的车辆应关闭牵引力控制装置

25. 双怠速法排放气体测试仪器技术条件规定测量系统自动终止测量的条件（   ）。（ABC）

A. 当气体流量降低到一定程度从而使检测超过规定的响应时间

B. 当气体流量降低到一定程度从而使检测超过规定精度的 1/2 时

C. 测量仪器泄漏监控程序发现泄漏超过最大允许值时

D. 环保排气检测环境温度低于 5℃ 时

26. 参加简易瞬态工况法排气检测的车辆应当符合( )条件。(ABCD)

A. 车辆机械状况应良好，无影响安全或引起试验偏差的机械故障

B. 车辆进、排气系统不得有任何泄漏

C. 车辆的发动机、变速器和冷却系统等应无液体渗漏

D. 车辆工作温度应符合出厂规定，过热车辆不得进行测试

27. 简易瞬态工况法对底盘测功机总体要求包括( )内容。(ABCD)

A. 测功机结构应适用于最大总质量≤3500kg 的 M 类、N 类车辆

B. 测功机应能根据试验记录的车辆参数自动选择加载功率和模拟惯量

C. 测功机应有永久性固定标牌

D. 底盘测功机应安装基准惯量至少为 800kg 的机械飞轮

28. 简易瞬态工况法对底盘测功机配备的装置应当符合( )要求。(ABCD)

A. 应配备安全限位装置

B. 应有转鼓转速和速度测量系统

C. 应配备车辆冷却装置，在冷却系统启动时，应避免冷却催化转化器

D. 测功机应适用于加装防抱死制动系统或牵引力控制系统的车辆

29. 简易瞬态工况法中描述的气体流量分析仪的结构包括( )。(ABC)

A. 微处理器　　　　　　　　B. 氧化锆型氧传感器

C. 涡漩流量计　　　　　　　D. 空气压缩机

30. GB 18285—2005 规定简易瞬态工况法按照工况分解包括( )工况。(ABCDEF)

A. 怠速　　　　　　　　　　B. 怠速、车辆减速、离合器脱开

C. 换档　　　　　　　　　　D. 加速

E. 减速　　　　　　　　　　F. 等速

31. 简易瞬态工况法测试设备准备与设置的基本条件至少符合( )要求。(ABCD)

A. 分析仪器预热，应在通电 30min 后达到稳定

B. 取样系统应在关机前至少连续清洗 15min，若为反吹清洗则不少于 5min

C. 取样探头至少应插入汽车排气管 250mm，如此深度不能保证，应加长排气管

D. 对独立工作的多排气管应同时取样

32. GB 3847—2005 排气烟度检测方法和限值的适用范围( )。(ACD)

A. 压燃式发动机型式核准和生产一致性检查

B. 低速载货汽车和三轮汽车

C. 压燃式发动机汽车新车型式核准和生产一致性检查

D. 压燃式发动机汽车新生产汽车的检测和在用汽车的检测

33. 在试验前车辆的等候时间超过 20min 或在试验前熄火超过 5min, 应选 (　　) 任一种方法预热车辆。(AB)

A. 在无负荷状态使发动机以 2500r/min 转速运转 4min

B. 在测功机上按 ASM5025 工况运行 60s

C. 怠速运行 2min

D. 车辆在测功机上按 ASM2540 工况运行 30s

34. (　　) 情况系统取样分析应自动停止工作。(ABCD)

A. 排气分析仪未进行充分预热

B. 取样系统中 HC 残留量浓度大于 10×10^{-6}

C. 无关气体干扰超过 $\pm 10 \times 10^{-6}$ HC、$\pm 0.05\%$ CO、$\pm 0.20\%$ CO_2 和 $\pm 25 \times 10^{-6}$ NO

D. 零点漂移或标定时的读数漂移超过分析仪调整范围

35. 排气分析仪取样系统应有 (　　) 装置, 并保证可靠耐用无泄漏且易于维护。(ABCD)

A. 水汽分离系统　　　　　　　　B. 颗粒过滤装置

C. 取样泵　　　　　　　　　　　D. 流量控制单元

36. 车辆外检通常包括 (　　) 内容。(ABCD)

A. 进、排气系统有无泄漏

B. 发动机、变速器和冷却系统等有无液体渗漏

C. 车辆工作温度是否符合出厂规定

D. 是否关闭空调、暖风等附属装备

37. 测功机应有永久性固定标牌, 并包括 (　　) 内容。(ABCD)

A. 测功机制造厂名、系统供应商名

B. 生产日期、型号、序列号

C. 测功机种类、最大允许轴重、最大吸收功率

D. 滚筒直径、滚筒宽度、基础转动惯量和用电要求

38. 五气分析仪预热和自检内容至少包括 (　　)。(ABCD)

A. 预热　　　　B. 调零　　　　C. 密封性检测　　　D. 低流量检测

39. 流量计自检内容至少包括 (　　)。(ABCD)

A. 流量检查　　　　　　　　　　B. 流量计 [O_2] 量程检测

C. [CO] 量程检测　　　　　　　D. [NO] 量程检测

40. 控制软件应具有显示和记录 (　　)。(ABC)

A. 寄生功率　　　B. 名义速度　　　C. 滑行测试时间的功能

41. 检测设备出现 (　　) 不允许进行排放检测。(ABCD)

A. 设备正在预热中

B. 设备的校准/测试超出有效期，需要校准/测试

C. 尾气测定不满足要求

D. 流量测定不满足要求

42. 五气分析仪的组成应包括能自动测量 CO、(　　)的气体浓度传感器。（ABCD）

　　A. HC　　　　　　B. CO_2　　　　　C. NO_x　　　　　D. O_2

43. "简易瞬态工况法"程序工况包括(　　)。（ABCD）

　　A. 怠速　　　　　B. 加速　　　　　C. 减速　　　　　D. 等速

44. 柴油车的进气方式是指(　　)。（ABCD）

　　A. 自然吸气式　　B. 机械增压式　　C. 涡轮增压式　　D. 涡轮增压中冷式

45. 在发动机怠速下，(　　)地踩下加速踏板，使喷油泵供给最大油量，在发动机达到调速器允许的最大转速前，保持此位置。一旦达到最大转速，立即松开加速踏板，使发动机恢复至怠速。（BD）

　　A. 平稳　　　　　B. 迅速　　　　　C. 猛烈　　　　　D. 不猛烈

46. 最低额定转速是指发动机在以下(　　)三种转速中最高者。（ACD）

　　A. 45% 最高额定转速　　　　　　B. 70% 额定转速

　　C. 1000r/min　　　　　　　　　　D. 制造厂要求的更低转速

47. GB 18285—2005 中规定了点燃式发动机汽车（汽油、NG、LPG）排放检测有(　　)。（ABCD）

　　A. 双怠速法　　B. 稳态工况法　　C. 瞬态工况法　　D. 简易瞬态工况法

48. 车辆驶上测功机前，应做好测试前准备工作，如(　　)等。（ABCD）

　　A. 将黏、嵌在轮胎上的泥沙和石块清除干净

　　B. 底盘下部应清洗干净

　　C. 车辆的发动机、变速器和冷却系统等应无液体渗漏

　　D. 车辆应限位良好

49. 当用简易瞬态工况法检测时，其试验循环包含了(　　)各种工况，能反映车辆实际行驶时的排放特征。（ABCD）

　　A. 怠速　　　　　B. 加速　　　　　C. 匀速　　　　　D. 减速

50. 环保测试前，检验员应将发动机冷却装置靠近车辆发动机进风口处（不得影响尾气排放的采集），再采取以下措施(　　)。（ABC）

　　A. 打开风机电源开关　　　　　　B. 调整气流方向角使其处于最佳位置

　　C. 锁止脚轮以防移动　　　　　　D. 拉紧驻车制动，安装移动式限位轮

51. 车辆驶上测功机前，应做好以下调整准备工作，如(　　)等。（ABD）

　　A. 中断车上所有主动型制动功能和转矩控制功能

　　B. 切断其动力传递机构

C. 自动缓速器

D. 中断 ABS、ESP

52. 预先检查的目的是（　　），评价车辆的状况是否能够进行加载减速检测。（ABCD）

A. 核实受检车辆是否和行驶证相符

B. 检查发动机系统是否工作正常

C. 检查仪表、车身和结构是否符合规定

D. 检查变速器、传动系统是否工作正常

53. 轻型柴油车与重型柴油车进行加载减速工况法试验时，有试验方法相同，设备规格型号不同，（　　）等异同的地方。（ABC）

A. 轻型车排放检测用底盘测功机滚筒直径应为（216＋2）mm，基本惯量应在（907.2＋18.1）kg 范围内

B. 重型车排放检测用底盘测功机滚筒直径应为 373～530mm，基本惯量应在（1452.8＋18.1）kg 范围内

C. 轻型车排放检测用底盘测功机只能检测总质量 3.5t 以下的柴油车

54. 参加简易瞬态工况法排气检测的车辆应当符合（　　）条件。（ABCD）

A. 车辆机械状况应良好，无影响安全或引起试验偏差的机械故障

B. 车辆进、排气系统不得有任何泄漏

C. 车辆的发动机、变速器和冷却系统等应无液体渗漏

D. 车辆工作温度应符合出厂规定，过热车辆不得进行测试

55. 车辆外检通常包括（　　）项目内容。（ABCD）

A. 进、排气系统有无泄漏

B. 发动机、变速器和冷却系统等有无液体渗漏

C. 车辆工作温度是否符合出厂规定

D. 是否关闭空调、暖风等附属装备

56. 主控计算机软件系统的首页界面显示内容至少应包括（　　）。（ABCD）

A. 环保局核准标志　　　　　　　B. 设备的核准编号

C. 汽车排放检测站名称　　　　　D. 当前日期

57. 环保登录员在进行车辆信息登录时应准确填写车辆（　　）基本信息。（BCDEF）

A. 缴费情况　　　　　　　　　　B. 进气方式

C. 注册登记日期　　　　　　　　D. 燃油类型

E. 车辆出厂日期　　　　　　　　F. 发动机功率

58. 在用汽车加载减速试验中，待检车辆完成检测登记后，将车驾驶到底盘测功机前等待检测，并进行车辆预先检查，其目的是（　　）。（AB）

A. 核实受检车辆是否与行驶证信息相符

B. 评价车辆的状况是否符合加载减速

C. 进行车辆的调整

59. 对于（　　　）不能进行加载减速检测，应进行自由加速排气烟度排放检测。（AB）

　　A. 紧密型多轴驱动的车辆　　　　B. 全时四轮驱动车辆

　　C. 分时四驱车辆　　　　　　　　D. 适时四驱车辆

60. 按下列操作步骤依次顺序将受检车辆驶离底盘测功机。（　　　）（ABCDE）

A. 从受检车辆上拆下所有测试和保护装置

B. 将发动机舱盖复位

C. 去掉车轮挡块，确认受检车辆及行驶路线周围没有障碍物或人员

D. 慢慢将受检车辆驶离底盘测功机，并停放到指定地点

E. 举起测功机升降板，锁住转鼓

61. 点燃式发动机汽车排气污染物的测试设备主要包括（　　　）。（ABD）

A. 底盘测功机　　　　　　　　B. 流量计

C. 发动机转速仪　　　　　　　D. 分析仪

62. 系统应配备清晰可见的驾驶人引导装置（司机助）。引导装置应不断显示所需（　　　）。（ABCDE）

　　A. 驾驶实际速度和时间　　　　B. 速度

　　C. 发动机转速　　　　　　　　D. 试验工况秒数

　　E. 使用制动情况以及必要的提示和警告

63. "简易瞬态工况法"测试点燃式发动机汽车排气污染物时，其程序工况包括（　　　）。（ABCD）

　　A. 怠速　　　B. 加速　　　C. 减速　　　D. 等速

64. 在进行简易瞬态工况法测试汽车排气污染物时，对试验车辆的要求是（　　　）。（ABDE）

A. 车辆机械状况应良好

B. 车辆进、排气系统不得有任何泄漏

C. 中断车上所有主动型制动功能和转矩控制功能

D. 关闭空调、暖风等附属装备

E. 车辆应限位良好

四、判断题

1. 在用机动车应当按照国家或者地方的有关规定，由环境保护主管部门定期对其进行排放检验。经检验合格的，方可上道路行驶。（　　　）（×）

2. 在任何情况下，县级以上地方人民政府环境保护主管部门都可以对在道

路上行驶的机动车的大气污染物排放状况进行监督抽测。（　　）（×）

3. 国家鼓励和支持高排放机动车船、非道路移动机械提前报废。（　　）（√）

4. 储油储气库、加油加气站和油罐车、气罐车等，应当按照国家有关规定安装并正常使用油气回收装置。（　　）（√）

5. 环境保护主管部门及其委托的环境监察机构和其他负有大气环境保护监督管理职责的部门，有权对排放大气污染物的企业事业单位和其他生产经营者进行监督检查，不必为被检查者保守商业秘密。（　　）（×）

6. 违反《中华人民共和国大气污染防治法》规定，机动车驾驶人驾驶排放检验不合格的机动车上道路行驶的，由环保管理部门依法予以处罚。（　　）（×）

7. 城市人民政府可以在条件具备的地区，提前执行国家机动车大气污染物排放标准中相应阶段排放限值，并报国务院环境保护主管部门备案。（　　）（×）

8. 未经排放检验合格的，环保部门不得核发安全技术检验合格标志。（　　）（×）

9. 机动车排放检验机构应当依法通过计量认证，使用经依法检定合格的机动车排放检验设备。（　　）（√）

10. 当机动车排放检验机构对机动车进行排放检验时，应当与环境保护主管部门联网，实现检验数据实时共享。（　　）（√）

11. 机动车排放检验机构及其负责人对检验数据的真实性和准确性负责。（　　）（√）

12. 环境保护主管部门和公安交通管理部门应当对机动车排放检验机构的排放检验情况进行监督检查。（　　）（×）

13. 机动车排放检验机构应当按照防治大气污染的要求和国家有关技术规范对在用机动车进行维修，使其达到规定的排放标准。（　　）（×）

14. 在用车排放超标时，机动车所有人可以临时更换机动车污染控制装置，以通过机动车排放检验。（　　）（×）

15. 机动车维修单位禁止提供临时更换机动车污染控制装置相关的维修服务。（　　）（√）

16. 机动车所有人可以选择是否使用机动车车载排放诊断系统。（　　）（×）

17. 国家倡导环保驾驶，鼓励燃油机动车驾驶人在不影响道路通行且需停车1min以上的情况下熄灭发动机，减少大气污染物的排放。（　　）（×）

18. 在用重型柴油车、非道路移动机械未安装污染控制装置或者污染控制装

置不符合要求，不能达标排放的，应当加装或者更换符合要求的污染控制装置。
（　　）（√）

19. 在用机动车排放大气污染物超过标准的，可以不进行维修。（　　）
（×）

20. 在用机动车经维修或者采用污染控制技术后，大气污染物排放仍不符合国家在用机动车排放标准的，可以继续使用。（　　）（×）

21. 储油储气库、加油加气站和油罐车、气罐车等，未按照国家有关规定安装并正常使用油气回收装置的处一万元以上十万元以下的罚款。（　　）（×）

22. 违反《中华人民共和国大气污染防治法》规定，生产超过污染物排放标准的机动车、非道路移动机械的，由县级以上人民政府环境保护主管部门责令改正，没收违法所得，并处货值金额一倍以上三倍以下的罚款，没收销毁无法达到污染物排放标准的机动车、非道路移动机械。（　　）（×）

23. 机动车、非道路移动机械生产企业对发动机、污染控制装置弄虚作假、以次充好，冒充排放检验合格产品出厂销售的，由城市人民政府环境保护主管部门责令停产整治，没收违法所得，并处货值金额一倍以上三倍以下的罚款，没收销毁无法达到污染物排放标准的机动车、非道路移动机械。（　　）（×）

24. 违反《中华人民共和国大气污染防治法》规定，进口、销售超过污染物排放标准的机动车、非道路移动机械的，由省级以上人民政府工商行政管理部门、出入境检验检疫机构按照职责没收违法所得，并处货值金额一倍以上三倍以下的罚款。（　　）（×）

25. 违反《中华人民共和国大气污染防治法》规定，销售的机动车、非道路移动机械不符合污染物排放标准的，销售者应当负责修理、更换、退货；给购买者造成损失的，销售者应当赔偿损失。（　　）（√）

26. 违反《中华人民共和国大气污染防治法》规定，机动车生产、进口企业未按照规定向社会公布其生产、进口机动车车型的排放检验信息或者污染控制技术信息的，由省级以上人民政府环境保护主管部门责令改正，处五万元以上五十万元以下的罚款。（　　）（√）

27. 违反《中华人民共和国大气污染防治法》规定，机动车生产、进口企业未按照规定向社会公布其生产、进口机动车车型的有关维修技术信息的，由省级以上人民政府环境保护主管部门责令改正，处五万元以上五十万元以下的罚款。（　　）（×）

28. 违反《中华人民共和国大气污染防治法》规定，伪造机动车、非道路移动机械排放检验结果或者出具虚假排放检验报告的，由县级以上人民政府环境保护主管部门没收违法所得，并处二十万元以上五十万元以下的罚款。（　　）（×）

29. 违反《中华人民共和国大气污染防治法》规定，伪造机动车、非道路移动机械排放检验结果或者出具虚假排放检验报告情节严重的，由负责资质认定的部门取消其检验资格。（　　）（√）

30. 以临时更换机动车污染控制装置等弄虚作假的方式通过机动车排放检验或者破坏机动车车载排放诊断系统的，由县级以上人民政府环境保护主管部门责令改正，对机动车所有人处一万元的罚款。（　　）（×）

31. 以临时更换机动车污染控制装置等弄虚作假的方式通过机动车排放检验或者破坏机动车车载排放诊断系统的，对机动车维修单位处每辆机动车五千元的罚款。（　　）（√）

32. 违反《中华人民共和国大气污染防治法》规定，机动车驾驶人驾驶排放检验不合格的机动车上道路行驶的，由环境保护主管部门依法予以处罚。（　　）（×）

33. 违反《中华人民共和国大气污染防治法》规定，使用排放不合格的非道路移动机械，或者在用重型柴油车、非道路移动机械未按照规定加装、更换污染控制装置的，由县级以上人民政府环境保护等主管部门按照职责责令改正，处五千元的罚款。（　　）（√）

34. 违反《中华人民共和国大气污染防治法》规定，在禁止使用高排放非道路移动机械的区域使用高排放非道路移动机械的，由省级以上人民政府环境保护等主管部门依法予以处罚。（　　）（×）

35. 违反《中华人民共和国大气污染防治法》规定，生产超过污染物排放标准的机动车、非道路移动机械的，由省级以上人民政府环境保护主管部门责令改正，拒不改正的，由省级以上人民政府环境保护主管部门责令停止生产该车型。（　　）（×）

36. 汽车整备质量是指汽车在加满燃料、润滑油、工作油液（如制动液等）及发动机冷却液并装备（随车工具及备胎等）齐全后但未载人、载货时的总质量。（　　）（√）

37. 汽车的总质量是汽车的整备质量与最大装载质量之和。（　　）（√）

38. 对于汽油机而言，可燃混合气的空燃比小于 14.7，称为稀混合气。（　　）（×）

39. 对于不同的燃料，其理论空燃比数值是不同的。（　　）（√）

40. 过量空气系数 λ <1 的为浓混合气。（　　）（√）

41. 在用机动车排气检测不合格的，公安部门不予核发机动车安全技术检验合格标志。（　　）（√）

42. 同一车型在用汽车环保定期检测时可以采用两种以上的检测方法。（　　）（×）

43. 从事机动车排气检测的机构不得从事机动车排气污染维修治理业务。
（　　）（√）

44. 采用滤纸烟度法检测不合格的车辆，可以采用不透光烟度法进行复测。
（　　）（×）

45. 当双怠速测量时，发动机冷却液和润滑油温度应不低于80℃。（　　）
（√）

46. 当轻型汽油车参加排气定期检测时，不需要监控油温和转速。（　　）
（×）

47. 对于两用燃料汽车，排放检测只进行汽油燃料检测。（　　）（×）

48. 在用机动车参加环检，若车辆排气管长度小于测量深度时，应使用加长管。（　　）（√）

49. 尾气分析仪取样探头应能插入排气管至少400mm，并有插深定位装置。
（　　）（√）

50. 测量仪器应有系统泄漏监控程序，当泄漏超过最大允许值时自动中止测量。（　　）（√）

51. 测功机应配备机械飞轮或惯量模拟装置使测功机具有不得低于（900±20kg）的基准惯量，并应在铭牌上标明基准惯量。（　　）（√）

52. 测功机应配备冷却车辆的装置，环境温度超过22℃时冷却系统应启动。
（　　）（√）

53. 尾气分析仪应有低流量检测功能，在未通过低流量检测时，分析仪应锁止，不能使用，同时EIS应给出提示。（　　）（√）

54. 当底盘测功机安装处于水平位置，在纵向和横向上最大倾角不超过±15°。（　　）（×）

55. 取样管长度应为（10±0.15）m。（　　）（×）

56. 流量计应具有在缓冲器里存储流量测量值至少20s的能力。（　　）
（√）

57. 简易瞬态工况法试验急速期间，离合器接合，手动或半自动变速器置于空档。（　　）（√）

58. 五气分析仪取样系统及相关部件的操作湿度范围为0～85%。（　　）
（√）

59. 环境O_2浓度应在每次检测车辆未起动后测量，环境O_2浓度若超出规定范围，则应由系统主机控制进行校正。（　　）（√）

60. 当轻型汽油车参加排气定期检测时，不需要监控油温和转速。（　　）
（×）

61. 尾气分析仪只需要在每天开始检测时进行调零校准。（　　）（×）

62. 检测中车辆有两个档位均能达到规定的发动机转速，则驾驶人应采用发动机转速较高的档位。（　　）（×）

63. 检测设备应符合国家在用机动车排放标准对检测设备的要求。所有检测设备必须经过性能测试合格，取得计量检定机构出具的有效检测仪器检定证书后，才能正式投入使用。（　　）（√）

64. 检测过程中，车主可协助检测人员将探头插入排气管内，检测人员应该站立在车的两侧进行检测操作。（　　）（×）

65. 车辆进入检测车间后，检测人员应使用防侧滑、三角垫块及安全护栏等设施，保证人员及车辆检测安全。（　　）（√）

66. 柴油车被测车辆在进行测试前需热车一段时间，若车辆是正在行驶，则不必热车。在将取样管插入车辆排气管前，应先将车辆加速踏板连续踩下 2～3 次，使发动机内的烟炱全部排出，以便测量准确。（　　）（√）

67. 柴油车在发动机怠速下，迅速猛烈地踩下加速踏板，使喷油泵供给最大油量，在发动机达到调速器允许的最大转速前，保持此位置。一旦达到最大转速，立即松开加速踏板，使发动机恢复至怠速。（　　）（×）

68. 汽车的总质量是汽车的整备质量与最大装载质量之和。（　　）（√）

69. GB 18285—2005 适用于装用点燃式发动机的新生产和在用汽车。（　　）（√）

70. 轻型汽车指最大总质量不超过 35 000kg 的 M1 类、M2 类和 N1 类车辆。（　　）（×）

71. 点燃式的排放标准只有双怠速法中既标明了轻型车，又标明了重型车的检测限值，而工况法只有轻型车的排放限值标准，故重型车一定用双怠速法。（　　）（√）

72. 采用加载减速法对进行车辆排放物检测时应使柴油机处于最大供油位置。（　　）（√）

73. 采用简易瞬态工况法对车辆进行排放物检测时可以打开空调系统。（　　）（×）

74. 全时四驱在用点燃式发动机机动车可采用简易瞬态工况法对车辆进行排放物检测。（　　）（×）

75. 当采用简易瞬态工况法对车辆进行排放物检测时，如果车辆为双燃料汽车，则应分别测量燃用两种燃料的发动机排放数据。（　　）（√）

76. 当采用简易瞬态工况法对车辆进行排放物检测时，如果车辆有多根排气管则只需要对其中一根排气管进行取样，同时堵住多余排气管。（　　）（×）

77. 最大总质量超过 3500kg 的在用点燃式机动车应采用双怠速法进行排放物检测。（　　）（√）

78. 汽车发动机排气管虽有破损，但破损不严重，仍可对车辆继续进行排放物检测。（　　）（ × ）

79. 只有汽车发动机冷却液、润滑油达到正常温度时才可对在用车进行排放物检测。（　　）（ √ ）

80. 只要车辆预热充分，无论检测设备是否预热充分都可以进行在用车排放物检测。（　　）（ × ）

81. 机动车排放检测数据，可以根据领导要求进行修改，直至车主满意。（　　）（ × ）

82. 引车员根据司机助手显示屏的提示，驾车沿着直线以 5km/h 的速度驶上检验台，驱动轮置于两滚筒的中间位置，待举升板落下后，将变速杆推至 1 档（自动档车辆将档位推至 "D" 位），在怠速状态下将车摆正，使方向不要左右摇摆，摆正后拉紧驻车制动安装移动式限位轮，并用轮胎挡块抵住非驱动轮的前端，确保车辆在测试中不横摆。（　　）（ × ）

83. 烟度计和尾气分析仪的取样软管均不得随意更换（长度、内径），否则将影响测量结果。（　　）（ √ ）

84. 当进行简易瞬态工况法检测时，如果减速时间比相应工况规定的时间长，则允许使用车辆的制动器，以使循环按照规定的时间进行。（　　）（ √ ）

85. 对精密型多轴驱动的车辆，可以进行加载减速检测，但全时四驱车辆，应进行自由加速烟度排气烟度排放检测。（　　）（ × ）

86. 加载减速检测过程一般应在 2min 内完成，最长不能超过 3min。（　　）（ √ ）

87. 当进行加载减速检测时，应选择合适的档位，使油门处于全开位置时，测功机指示的车速最接近 70km/h，但不能超过 100km/h。对装有自动变速器的车辆，可在超速档下进行测量。测控系统对上述步骤获得的数据进行自动分析，判断是否可以继续进行检测，所有被判定不合适检测的车辆都不允许进行加载减速烟度检测。（　　）（ × ）

88. 轮胎等级低于 70km/h 的汽车，不允许进行加载减速烟度检测。（　　）（ × ）

89. 对于单一气体燃料汽车，仅按燃用气体燃料进行排放检测；对于两用燃料汽车，要求对两种燃料分别进行排放检测。（　　）（ √ ）

90. 取样探头长度应保证能够插入排气管 400mm 深度，无须固定于排气管上。（　　）（ × ）

91. 检测中车辆有两个档位均能达到规定的发动机转速，则驾驶人应采用发动机转速较高的档位。（　　）（ × ）

92. 环检机构所有检测设备应具有每天至少连续稳定工作 10h 的性能。

（　　　）（√）

93. 单一气体燃料汽车指能燃用汽油和一种气体燃料，但汽油仅用于紧急情况或发动机起动用，且汽油箱容积不超过 5L 的车辆。（　　　）（×）

94. 对于排放超高或超低的车辆，检测时允许使用快速通过的检测方式。（　　　）（√）

95. 当采用简易工况法进行排放检测时，如果检测污染物有一项超过规定的限值，则认为受检车辆排放不合格。（　　　）（√）

96. 在简易瞬态工况法中，取样系统应在关机前至少清洗 5min，若为反吹清洗则不少于 15min。（　　　）（×）

97. 对于两用燃料汽车，只需对其中一种燃料进行排放检测。（　　　）（×）

98. 简易瞬态工况法中测试汽车尾气，其取样探头所用的材料应能在 10min 内耐受 679℃ 的高温。（　　　）（×）

99. 功率扫描过程中实测的最大轮边功率不得高于制造厂规定的发动机标定功率的 50%。（　　　）（×）

五、名词解释

1. 过量空气系数：指燃烧 1kg 燃料的实际空气量与理论上所需空气量之比。

2. 乘用车：在其设计和技术特性上主要用于载运乘客及其随身行李和/或临时物品的汽车，包括驾驶人座在内最多不超过 9 个座位。

3. 两用燃料车：指能用汽油和一种气体燃料的汽车。

4. 急速工况：指发动机无负载最低稳定运转状态，即离合器处于接合位置，变速器处于空档位置；采用化油器供油系统的车，阻风门处于全开位置，加速踏板处于完全松开位置。

5. M2 类汽车：M2 类车指至少有四个车轮，或有三个车轮且厂定最大总质量超过 1000kg，除驾驶人座位外，乘客座位超过 8 个，且厂定最大总质量不超过 5000kg 的载客车辆。

6. 轻型汽车：指最大总质量不超过 3500kg 的 M1 类、M2 类和 N1 类车辆。

7. 当量惯量：指在底盘测功机上用惯量模拟器模拟汽车行驶中移动和转动惯量时所相当的质量。

8. 基准质量（*RM*）：整车整备质量加 100kg 质量。

9. 轮边功率：汽车在底盘测功机上运转时驱动轮实际输出功率的测量值。

10. 最大轮边功率（MaxHP）：标准规定的功率扫描过程中得到的实测轮边功率最大值。

11. 发动机最大转速（MaxRPM）：在进行压燃式发动机汽车加载减速排放试验时，油门处于全开位置时测量得到的发动机最大转速。

12. 加载减速工况：指柴油车发动机油门处于全开位置，通过对柴油车驱动

轮强制加载迫使柴油车减速运行的工况。

13. N1 类车：指至少有四个车轮，或有三个车轮且厂定最大总质量超过 1000kg，厂定最大总质量不超过 3500kg 的载货车辆。

14. 不透光烟度计：指按照 GB 3847—2005 车用压燃式发动机和压燃式发动机汽车排气烟度排放限值及测量方法的规定用于连续测量柴油车排气的绝对光吸收系数的仪器。

15. 高怠速工况：指满足怠速工况条件下，用加速踏板将发动机转速迅速稳定控制在 50% 额定转速，即轻型车的规定为（2500 ± 100）r/min，重型车的规定为（1800 ± 100）r/min。

16. 第二类轻型汽车：标准适用范围内除第一类车以外的其他所有轻型汽车。

17. 最大总质量：指汽车制造厂规定的技术上允许的车辆最大质量。

18. 光吸收系数：表示光束被单位长度的排烟衰减的一个系数，是单位体积的微粒数。

19. 实测最大轮边功率时的转鼓线速度：指在进行标准规定的功率扫描试验中，实际测量得到的最大轮边功率点的转鼓线速度。

20. 新生产汽车：指制造厂合格入库和出厂的汽车。

21. 自由加速工况：指在发动机怠速工况下，迅速但不猛烈地踩下加速踏板，使喷油泵供给最大油量。在发动机达到调速器允许的最大转速前，保持此位置。一旦达到最大转速，立即松开加速踏板，使发动机恢复至怠速的过程。

22. 五气分析仪：指测量汽车排气中 HC、CO、CO_2、NO 和 O_2 体积分数的仪器。

23. 流量计：指测量被环境空气稀释后的汽车排气的体积流量的仪器。

24. 总吸收功率 P_a：指底盘测功机作用于被试汽车驱动轮的阻力功率，包括指示功率和寄生功率两部分。

六、简答题

1. 发动机的组成部分包括哪些？

答：发动机一般由机体、曲柄连杆机构、配气机构、燃料供给系统、进排气系统、冷却系统、润滑系统、点火系统（用于汽油发动机）和起动系统等组成。

2. 机动车环保定期检测的主要指标有哪些？以及指标的计量单位是什么？

答：主要污染物是 CO、HC、NO_x、碳烟。

1）汽油车排放的污染物检测指标：碳氢化合物（HC）、一氧化碳（CO）、氮氧化物（NO_x）、过量空气系数 λ。

2）柴油车排放的污染物检测指标，使用滤纸烟度计测量：滤纸烟度法 Rb，

使用不透光烟度计测量：（光吸收系数）m^{-1}。

3. 简述汽车的基本技术参数。

答：主要技术参数有：（1）质量参数。包括整车装备质量、最大装载质量、最大总质量、最大轴载质量。（2）主要结构参数。包括总长、总宽、总高、轴距、轮距、前悬、后悬、最小离地间隙、接近角、离去角。

4. 柴油车在检测前应做哪些准备工作？

答：柴油车进行排气检测前，应对车辆进行外观检查，进气系统应装有空气滤清器，排气系统、消声器等相关部件性能完好。检测前充分对车辆进行预热，发动机的冷却液和润滑油温度应达到汽车说明书所规定的热状态。至少采取三次自由加速过程或其他等效方法对排气系统的杂质进行吹拂，保证排气管没有残留颗粒物。受检车辆的车况较差，不适合进行自由加速法检测的，应维修后再检测。

5. 简易瞬态工况法试验车辆的要求是什么？

答：一是车辆机械状况应良好，无影响安全或引起试验偏差的机械故障；二是车辆进、排气系统不得有任何泄漏；三是车辆的发动机、变速器和冷却系统等应无液体渗漏；四是应关闭空调、暖风等附属装备；五是进行测试前，车辆工作温度应符合出厂规定，过热车辆不得进行测试；六是车辆驱动轮应位于滚筒上必须确保车辆横向稳定，驱动轮胎应干燥防滑；七是车辆限位良好。对前驱车辆，试验前应使驻车制动起作用。

6. 重型汽车和轻型汽车在环保检验时的基本惯量有什么区别？

答：1）环保检验中的基本惯量即底盘测功机基本惯量：指考虑到底盘测功机各转动件转速与滚筒转速的速比后，其实际基本惯量除以滚筒半径的平方后所得的商的汽车质量。

2）轻型汽车环保检测用底盘测功机的基本惯量为（907.2 + 18.1）kg 范围内。

3）重型汽车环保检测用底盘测功机的基本惯量为（1452.8 + 18.1）kg 范围内。

7. 采用 EGR 技术可以降低柴油汽车什么有害物质排放量？其作用机理是什么？

答：EGR（废气再循环）可有效降低柴油机汽车 NO_x（氮氧化合物）的排放。

作用机理：在高温富氧的条件下，会造成大量 NO_x 生成。应用 EGR 技术后：

1）降低氧气浓度，滞燃期延长，燃烧过程向做功行程推移，燃烧气体处在高温条件下的绝对时间缩短，使 NO_x 的生成量降低；同时，降低氧气浓度能抑

制燃烧反应速率，降低缸内平均燃烧温度，使 NO_x 排放降低。

2）随着二氧化碳、水蒸气的加入，缸内气体的比热容增大，使缸内燃烧的最高温度降低，温度降低使得 NO_x 的生成量减少。

8. 进行环保检测的底盘测功机选择的依据是什么？为什么？

答：因为环保检测的底盘测功机是国家相关部门针对不同的检测环境（气压、温度、湿度），各类轮胎与滚筒的摩擦因数，它自身消耗功率等因素通过一系列试验，形成的一个数据库，规定了对于测试轻型柴油车、汽油车测功机的滚筒直径为（218±2）mm，基准惯量为（907.2±18.1）kg；重型柴油车底盘测功机的滚筒直径为 ［（373～530）±2］mm，惯量为（1452.8±18.1）kg。汽车环保底盘测功机与一般普通汽车动力性能底盘测功机使用标准不一样，使用对象和要求不同，测量目的和状态不同，滚筒直径和吸收功率要求不同，检测程序不同，测量精度、加载精度以及响应时间都不同。汽车动力性能底盘测功机不能测汽车排放污染物规定的参数，汽车环保底盘测功机只能检测与本机吸收功率和基准惯量检测范围内的底盘输出功率，但两种检测控制程序完全不同。

9. 在进行加载减速工况法测试汽车排气污染物时，引车员在上线检测时应做些什么准备工作？

答：1）对车辆进行预检，核实受检车辆是否和行驶证相符。

2）进行受检车辆的调整，如中断车上所有主动型制动功能和转矩控制功能（自动缓速器除外），中断防抱死制动系统（ABS）、电子稳定程序（ESP）等，以及关闭车上所有以发动机为动力的附加设备，或切断其动力传递机构。

3）判断车辆的驱动形式（前驱、后驱、四驱），并确认能否断开。

4）检查轮胎花纹或轮胎之间是否有铁钉、石子等杂物，传动系统与车身、车体间有无接触。

5）检查发动机的工作状况，进、排气系统不得有泄漏情况，散热器风扇工作正常。

6）检查冷却液温度、油压和燃油表工作时是否有异常现象。

10. 环保检测所使用的底盘测功机与综检所使用的底盘测功机有什么不同之处？

答：1）它们针对的对象不同。

2）所使用的标准不一样。

3）滚筒直径不同、测功机的基本惯量不一样。

4）检测方法不同。

5）测量精度和加载精度不一样。

6）测量目的和状态不一样。

7）响应时间不同、速度测量精度不一样。

参 考 文 献

［1］张力军. 机动车污染控制排放标准［M］. 北京：中国环境科学出版社，2010.

［2］韩应键. 机动车排气污染物检测培训教程［M］. 2 版. 北京：中国质检出版社/中国标准出版社，2013.

［3］鲍晓峰，等. 柴油车环保达标监管［M］. 北京：中国环境出版社，2015.

［4］龚金科. 汽车排放及控制技术［M］. 2 版. 北京：人民交通出版社，2011.

［5］葛蕴珊. 汽车排放与环境保护［M］. 北京：中国劳动社会保障出版社，2006.

［6］张欣. 车用发动机排放污染与控制［M］. 北京：北京交通大学出版社，2014.

［7］周庆辉. 现代汽车排放控制技术［M］. 北京：北京大学出版社，2010.

［8］周松，等. 内燃机排放与污染控制［M］. 北京：北京航空航天大学出版社，2010.

［9］周龙保. 内燃机学［M］. 北京：机械工业出版社，2005.

［10］李岳林. 汽车排放与噪声控制［M］. 北京：人民交通出版社，2007.

［11］陈家瑞. 汽车构造［M］. 北京：人民交通出版社，2005.

［12］张翠平，王铁. 内燃机排放与控制［M］. 北京：机械工业出版社，2012.

［13］徐晓美，万亦强. 汽车试验学［M］. 北京：机械工业出版社，2013.

［14］郝吉明，等. 城市机动车排放污染控制［M］. 北京：中国环境科学出版社，2000.

［15］冯晓，陈思龙，赵琦. 道路机动车污染测评技术与方法［M］. 北京：人民交通出版社，2003.

［16］严兆大. 热能与动力工程测试技术［M］. 北京：机械工业出版社，2005.

［17］王建昕，傅立新，黎维彬. 汽车排气污染治理及催化转化器［M］. 北京：化学工业出版社，2000.

［18］鲍晓峰. 汽车试验与检测［M］. 北京：机械工业出版社，1995.

［19］全国法制计量管理计量技术委员会. 汽车排气污染物监测用底盘测功机校准规范：JJF 1221—2009［S］. 北京：中国质检出版社，2009.

［20］全国法制计量管理计量技术委员会. 汽油车稳态加载污染物排放检测系统校准规范：JJF 1227—2009［S］. 北京：中国质检出版社，2009

［21］全国法制计量管理计量技术委员会. 汽车排放气体测试仪检定规程：JJG 688—2007［S］. 北京：中国质检出版社，2008

［22］全国光学计量技术委员会. 透射式烟度计检定规程：JJG 976—2010［S］. 北京：中国质检出版社，2010.

［23］中华人民共和国国家环境保护部. 在用柴油车排气污染物测量方法及技术要求（遥感检测法）：HJ 845—2017［S］. 北京：中国环境出版社，2017.